建筑工程数字建造经典工艺指南【室内装修、机电安装（地上部分）2】

《建筑工程数字建造经典工艺指南》编委会　主编

中国建筑工业出版社

图书在版编目（CIP）数据

建筑工程数字建造经典工艺指南. 室内装修、机电安装. 地上部分. 2 /《建筑工程数字建造经典工艺指南》编委会主编. — 北京 ：中国建筑工业出版社，2023.4
ISBN 978-7-112-28246-3

Ⅰ. ①建… Ⅱ. ①建… Ⅲ. ①数字技术-应用-室内装修-指南②数字技术-应用-机电设备-建筑安装工程-指南 Ⅳ. ①TU7-39

中国版本图书馆 CIP 数据核字（2022）第 242786 号

本书由中国建筑业协会组织全国 70 余家大型企业、100 多位鲁班奖评审专家共同编写，对建筑整体从质量要求、工艺流程、精品要点等全过程进行编写，并配以详细的 BIM 图片，图片清晰，说明性强。本书对于建设高质量工程，建筑工程数字建造等有很高的参考价值，对于企业申报鲁班奖、国家优质工程等有重要的指导意义。

责任编辑：高　悦　张　磊
责任校对：董　楠

建筑工程数字建造经典工艺指南
【室内装修、机电安装
（地上部分）2】
《建筑工程数字建造经典工艺指南》编委会　主编
*
中国建筑工业出版社出版、发行（北京海淀三里河路 9 号）
各地新华书店、建筑书店经销
北京鸿文瀚海文化传媒有限公司制版
临西县阅读时光印刷有限公司印刷
*
开本：787 毫米×1092 毫米　1/16　印张：11¼　字数：281 千字
2023 年 3 月第一版　2023 年 3 月第一次印刷
定价：**85.00** 元
ISBN 978-7-112-28246-3
（40209）

本书指导委员会

主　任：齐　骥
副主任：吴慧娟　刘锦章　朱正举

本书主要编制人员

景　万　冯　跃　赵正嘉　贾安乐　张晋勋　陈　浩
杨健康　高秋利　安占法　刘洪亮　秦夏强　邢庆毅
杨　煜　张　静　邓文龙　钱增志　王爱勋　吴碧桥
薛　刚　蒋金生　刘明生　李　娟　刘爱玲　温　军
孙肖琦　李思琦　车群转　陈惠宇　贺广利　刘润林
尹振宗　张广志　刘　涛　张春福　罗　保　马荣全
熊晓明　张选兵　要明明　刘　宏　林建南　胡安春
孟庆礼　王　喆　王巧利　王建林　赵　才　邓　斌
颜钢文　李长勇　李　维　肖志宏　石　拓　田　来
胡　筘　胡宝明　廖科成　梅晓丽　彭志勇　王　毅
薄跃彬　陈道广　陈晓明　陈　笑　崔　洁　单立峰
胡延红　卢立香　唐永讯　苏冠男　董玉磊　邹杰宗
王　成　刘永奇　李　翔　张　驰　张贵铭　周　泉
孟　静　张　旭　包志钧　胡　骏　孙宇波　王振东
岳　锟　王竟千　薛永辉　周进兵　王文玮　付应兵
迟白冰　窦红鑫　富　华　赵　虎　李晓朋　王　清
李乐荔　赵得铭　王　鑫　杨　丹　罗　放　李　涛
隋伟旭　赵文龙　任淑梅　雷　周　刘耀东　张　悦
张彦克　洪志翔　李　超　周　超　周晓枫　许海岩
高晓华　李红喜　刘兴然　杨　超　李鹏慧　甄志禄
岳明华　龙俨然　胡湘龙　肖　薇　余　昊　蒋梓明
冯　淼　李文杰　柳长谊　王　雄　唐　军　谢　奎
刘建明　任　远　田文慧　李照祺　张成元　许圣洁
万颖昌　李俊慷　高　龙

本书主要编制单位

中国建筑业协会
中建协兴国际工程咨询有限公司
湖南建设投资集团有限责任公司
北京建工集团有限责任公司

北京城建集团有限责任公司
中国建筑一局（集团）有限公司
中国建筑第三工程局有限公司
中国建筑第八工程局有限公司
中铁建工集团有限公司
中铁建设集团有限公司
陕西建工集团股份有限公司
上海建工集团股份有限公司
上海宝冶集团有限公司
中国二十冶集团有限公司
三一重工股份有限公司
云南省建设投资控股集团有限公司
武汉建工（集团）有限公司
广东省建筑工程集团有限公司
河北建设集团股份有限公司
河北建工集团有限责任公司
天津市建工集团（控股）有限公司
广西建工集团有限责任公司
山西建筑工程集团有限公司
江苏省华建建设股份有限公司
兴泰建设集团有限公司
中天建设集团有限公司
北京住总集团有限责任公司
中建一局集团安装工程有限公司
北京六建集团有限责任公司
北京市设备安装工程集团有限公司
南通安装集团股份有限公司
济南四建（集团）有限责任公司
山东天齐置业集团股份有限公司
成都建工集团有限公司
江西昌南建设集团有限公司
河南省土木建筑学会总工程师工作委员会
成都市土木建筑学会
中湘智能建造有限公司

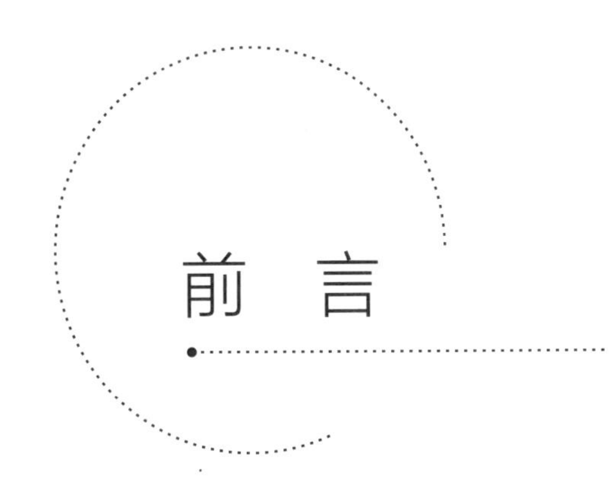

前言

建筑业作为国民经济支柱产业，在推动我国经济社会持续健康发展中发挥着重要作用。经过30多年的快速发展，我国建筑业的建设规模、技术装备水平、建造能力取得了长足的进步，一座座彰显时代特征的建筑物应运而生，在中华大地熠熠生辉、绽放光彩。但我国建筑业“大而不强、细而不专”的局面依然存在，主要表现在机械化程度不高，精细化、标准化、信息化、专业化、智能化、一体化程度偏低，能够推动行业有序发展的供应链、价值链体系尚未建立。

如何实现我国建筑业绿色低碳、高质量发展，从“建造大国”发展为“建造强国”，建筑业与信息技术的有机融合是推动建筑业可持续发展的重要驱动力。建筑业应以大数据为生产资料，以云计算、人工智能为第一生产力，以互联网、物联网、区块链为新型生产关系，以“软件定义”为新型生产方式，重构建筑业组织模式，将生产要素、管理流程、建造技术、决策机制、检测结果等数字化，基于数据形成算法，用算法优化决策机制，提升资源配置效率，成为建筑产业创新和转型的重要引擎。

为助力建筑企业数字化转型，提升全员的质量意识、管理水平、建造能力和工程品质，推动行业高质量发展，中国建筑业协会、中建协兴国际工程咨询有限公司组织行业多位知名专家会同湖南建工、北京建工、中铁建设、陕西建工、上海建工、北京城建、中建一局、中建三局、中建八局等70余家企业、100余名专家共同编制了本套书。

本套书以现行的标准规范为纲，以“按部位、全专业、突出先进、彰显经典”为编写原则，系统收集、整理了行业先进企业在创建优质工程过程中的先进做法、典型经验，引领广大读者通过深化设计、数字模拟、方案优化、样板甄选、精细度量、物模联动等方式，逐步形成系统思维，全专业策划、全过程管控、实时校验和持续提升的创优机制。根据房屋建筑的专业特点和创建优质工程要点，本套书共分为六个分册：地基、基础、主体结构；屋面、外檐；室内装修、机电安装（地上部分）1；室内装修、机电安装（地上部分）2；室内装修、机电安装（地上部分）3；室内装修、机电安装（地下部分）。通过图文并茂的方式，系统描述各部位或关键节点的外观特性、细部做法和相应的标准规范规定（部分条文摘录时有提炼和编辑）；突出了深化设计、专业协同、质量问题预防措施和工艺做法，创建了490多个BIM模型创优标准化数据族库。

由于时间紧迫，本套书只收集了部分建筑企业的工艺案例，书中难免有一些不足之处，敬请广大读者提出宝贵意见，以便我们做进一步的修订和完善。

目 录

第1章

民用建筑——大堂

1.1 整体描述

（1）顶面主要采用轻钢龙骨纸面石膏板、高空异形铝板条吊顶、GRG吊顶等。吊顶的曲线、层叠造型应顺滑自然，吊顶面应平整，在光线的照射下无缺陷。

（2）立面主要采用石材、木饰面、铝板、涂料等材料，石材干挂应牢固，墙砖湿贴无空鼓。各种不同的墙面材料的衔接过渡应自然美观。

（3）地面主要采用石材和瓷砖，排布应布局合理、接缝平整顺直、边角处理自然和谐。天然石材应尽量保持色泽一致。

（4）民用建筑大堂一般由机电末端，顶棚吊顶，围护幕墙及相应的装饰内容组成。

（5）大堂涉及机电内容有：顶面上的机电末端安装、墙面的机电末端安装，消火栓装饰门、疏散门安全出口指示标志，地面安防设施及地面的疏散等。

（6）大堂顶面及电梯厅顶面机电末端必须经过顶棚吊顶的综合排布，既满足功能要求，又兼具美观的特点；机电末端成排成线等。

（7）开关、插座安装位置合理、便于操作，并列的面板应排列整齐、高度一致。

（8）灯具、喷淋头、风口、温感烟感、取样管、红外对射等设施协调布置、美观整齐。

（9）风口与风管连接紧密牢固，与装饰紧密贴合，表面平整、不变形，调节灵活、可靠；条形风口安装接缝处衔接自然，无明显缝隙。

（10）灯具重量大于3kg时，应固定在螺栓或预埋吊钩上，确保安全可靠，严禁固定于吊顶龙骨。

1.2 规范要求

1.2.1 民用建筑大堂装饰装修施工主要相关规范标准

本条所列的是与混凝土结构施工相关的国家和行业标准，也是各项目施工中经常查看的规范标准。地方标准由于各地要求不一致，未进行列举，但在各地施工时必须参考。

1.《建筑室内吊顶工程技术规程》CECS 255—2009
2.《建筑地面工程施工质量验收规范》GB 50209—2010
3.《建筑装饰装修工程质量验收标准》GB 50210—2018
4.《公共建筑吊顶工程技术规程》JGJ 345—2014
5.《建筑涂饰工程施工及验收规程》JGJ/T 29—2015
6.《建筑装饰装修工程成品保护技术标准》JGJ/T 427—2018
7.《室内装饰装修材料 人造板及其制品中甲醛释放限量》GB 18580—2017
8.《民用建筑工程室内环境污染控制标准》GB 50325—2020
9.《建筑内部装修设计防火规范》GB 50222—2017
10.《电气装置安装工程 电缆线路施工及验收标准》GB 50168—2018
11.《电气装置安装工程 接地装置施工及验收规范》GB 50169—2016
12.《建筑电气工程施工质量验收规范》GB 50303—2015
13.《消防应急照明和疏散指示系统技术标准》GB 51309—2018
14.《火灾自动报警系统施工及验收标准》GB 50166—2019
15.《建筑设计防火规范（2018 年版）》GB 50016—2014
16.《建筑防烟排烟系统技术标准》GB 51251—2017
17.《工业建筑供暖通风与空气调节设计规范》GB 50019—2015
18.《通风与空调工程施工质量验收规范》GB 50243—2016
19.《自动喷水灭火系统设计规范》GB 50084—2017
20.《自动喷水灭火系统施工及验收规范 》GB 50261—2017
21.《消防给水及消火栓系统技术规范》GB 50974—2014
22.《建筑给水排水及采暖工程施工质量验收规范》GB 50242—2002
23.《给水排水管道工程施工及验收规范》GB 50268—2008
24.《建筑排水塑料管道工程技术规程》CJJ/T 29—2010

1.2.2 主要规范强制性条文、规定

1.《建筑地面工程施工质量验收规范》GB 50209—2010

3.0.3 建筑地面工程采用的材料或产品应符合设计要求和国家现行有关标准的规定。无国家现行标准的，应具有省级住房和城乡建设行政主管部门的技术认可文件。材料或产品进场时还应符合下列规定：

1 应有质量合格证明文件；

2 应对型号、规格、外观等进行验收，对重要材料或产品应抽样进行复验。

3.0.5 厕浴间和有防滑要求的建筑地面应符合设计防滑要求。

2.《建筑装饰装修工程质量验收标准》GB 50210—2018

3.1.4 既有建筑装饰装修工程设计涉及主体和承重结构变动时，必须在施工前委托原结构设计单位或者具有相应资质条件的设计单位提出设计方案，或由检测鉴定单位对建筑结构的安全性进行鉴定。

7.1.12 重型设备和有振动荷载的设备严禁安装在吊顶工程的龙骨上。

3.《公共建筑吊顶工程技术规程》JGJ 345—2014

4.1.7 吊杆、反支撑及钢结构转换层与主体钢结构的连接方式必须经主体钢结构设计单位审核批准后方可实施。

4.《室内装饰装修材料 人造板及其制品中甲醛释放限量》GB 18580—2017

4 要求

室内装饰装修材料人造板及其制品中甲醛释放限量值为0.124mg/m^3，限量标识E_1。

5.《民用建筑工程室内环境污染控制标准》GB 50325—2020

5.2.1 民用建筑工程采用的无机非金属建筑主体材料和建筑装饰装修材料进场时，施工单位应查验其放射性指标检测报告。

5.2.3 民用建筑室内装饰装修中所采用的人造木板及其制品进场时，施工单位应查验其游离甲醛释放量检测报告。

6.《建筑内部装修设计防火规范》GB 50222—2017

4.0.1 建筑内部装修不应擅自减少、改动、拆除、遮挡消防设施、疏散指示标志、安全出口、疏散出口、疏散走道和防火分区、防烟分区等。

4.0.2 建筑内部消火栓箱门不应被装饰物遮掩，消火栓箱门四周的装修材料颜色应与消火栓箱门的颜色有明显区别或在消火栓箱门表面设置发光标志。

4.0.3 疏散走道和安全出口的顶棚、墙面不应采用影响人员安全疏散的镜面反光材料。

4.0.4 地上建筑的水平疏散走道和安全出口的门厅，其顶棚应采用A级装修材料，其他部位应采用不低于B_1级的装修材料；地下民用建筑的疏散走道和安全出口的门厅，其顶棚、墙面和地面均应采用A级装修材料。

4.0.5 疏散楼梯间和前室的顶棚、墙面和地面均应采用A级装修材料。

4.0.6 建筑物内设有上下层相连通的中庭、走马廊、开敞楼梯、自动扶梯时，其连通部位的顶棚、墙面应采用A级装修材料，其他部位应采用不低于B_1级的装修材料。

4.0.14 展览性场所装修设计应符合下列规定：

1 展台材料应采用不低于B_1级的装修材料。

2 在展厅设置电加热设备的餐饮操作区内，与电加热设备贴邻的墙面、操作台均应采用A级装修材料。

3 展台与卤钨灯等高温照明灯具贴邻部位的材料应采用A级装修材料。

1.3 管理规定

（1）创建精品工程应以安全可靠、经济适用、美观、节能环保及绿色施工为原则，遵循PDCA的科学管理方法，应进行工程创优总体策划，做到策划先行，样板引路，过程控制，持续改进。

（2）建筑工程、机电工程、装饰工程应进行整体布局。关键节点做到深化设计、优化做法、精化成品。复杂节点部位应通过 BIM 深化进行提前策划。

（3）施工前应编制工程质量计划、专项施工方案、技术交底及作业指导书，经审批通过后，方可实施。作业前，对参与施工的有关管理人员、技术人员和工人进行技术性的交代与说明，包括设计交底、设计变更及工程洽商交底。

（4）应通过空间控制网及坐标定位法进行精确测量与定位，精准控制平面位置、各类标高。通过平立面图、三维成像、BIM 技术、二维码交底、节点上墙、制作控制要点小卡片等多种手段进行实体质量控制。

（5）建筑工程、机电工程、装饰工程各专业所采用的材料、设备应有产品合格证书和性能检测报告，其品种、规格、性能等应符合国家现行产品标准和设计要求，需要进场复试的材料应复试合格。

（6）建筑工程、机电工程、装饰工程应强化施工过程控制、中间检查及阶段验收，并做好记录。重点做好各工序、工种之间的交接检查。

（7）大堂施工应编制专项方案，包括高空作业方案、反应安全技术措施。高空作业脚手架、登高车等机械需验收合格后方可投入使用。

1.4 图纸深化设计

民用建筑大堂深化设计需要各专业协同工作、系统深化，做到深化排布合理、系统功能完善、观感效果美观，深化设计图需经总包、监理、业主及设计单位会签后实施。

1.4.1 吊顶深化设计

1. 跌级

跌级的深化设计根据设计院提供的效果图及标高，细化相应的区域，准确地表达不同高度之间的错层关系，保证设计效果，并根据相应的饰面材料，合理选择基层材料，保证施工的可行性和经济性。

2. 阴阳角深化设计

阴阳角的深化设计首先考虑阴阳角的平直度，保证视觉上的美观舒适，阴阳角设计时可采用 PVC 角条，或者成品收口条等来保证阴阳角的平直度。

3. 反支撑/转换层设计

反支撑、转换层设计是根据装饰顶面内部的高度决定的，根据规范要求吊杆长度在 1.5～2m 内采用倒三角法；吊杆长度在 1.5～3m 内采用主龙骨拉结法或吊杆通长拉结法；当吊顶内部高度大于 3m 时应设置钢结构转换层。

1.4.2 墙柱面（石材、墙砖为主）排板深化设计

瓷砖深化设计时尽量做到全部使用整砖，并进行合理的排砖设计，墙面砖小于 1/2 窄条砖的非整砖应排在阴角处或不明显处，且不允许出现小于 1/3 整砖的面砖；

排板一般包括砖缝大小、图案及色泽等，且与地砖、吊顶要保持对缝一致；石材应根据现场尺寸均分整块排列；门窗两侧应对称；水、暖、电等线、管、盒应居于板块中间或沿一边骑缝；应考虑缝格宽度，设计无要求时，板块一般为密贴，即缝宽不大于 2mm；

为保证墙地砖对缝，墙砖铺贴应压地砖上 3～5mm。

1.4.3 地面（石材、地砖为主）深化设计

地砖排列应居中对称，有柱或柱网时，拼缝应居柱中；不应有小于 1/2 整砖的地砖；地面与墙面砖应对缝；房间内排砖一般不设镶边，应从门口处以整砖向室内排砖，半砖应排在房间内的次要位置。

1.4.4 各专业综合排布设计

在图纸深化设计时，灯具、风口、烟感、喷淋、开关等应居中对称，成行成线，分布均匀；弹线定位检修口位置应与灯具、喷淋等成行成线；若采用格栅或方通吊顶，灯具、烟感、喷淋等宜与格栅面平齐，必要时应采用深色（灰、黑）涂料对吊顶以上墙、顶及管线进行喷涂处理。

1.5 关键节点工艺

1.5.1 顶面施工

民用建筑大堂作为建筑物的内外交接点，它是使用者进入建筑物其他组成部分的第一站点，从整体上反映着建筑物的设计风格和使用性质。同时，民用建筑大堂空间在建筑物的整体艺术构图中处于中心地位，通常具有净空高、空间范围广等特点。它的整体空间风格往往体现和主宰着整座建筑物的灵魂，它的造型风格和象征涵义又能给人以情感意境、知觉感受。

大堂顶棚构造样式也是如此，不同样式的顶棚构造具有不同的风格。例如，方、圆、多角等规整、对称的几何形式的顶棚样式，常给人端庄、肃穆、庄严的感觉，而不规则的造型顶棚则易形成随意、自然、流畅的底蕴。开敞式空间在带给人爽朗的感觉的同时，也使人感到崇高肃穆。

基于大堂本身具有的空间特征及艺术要求，民用建筑大堂吊顶多采用以纸面石膏板材料为主的跌级吊顶和以金属板、网材料为主的曲面造型 GRG 吊顶、板块面层吊顶、高空异性铝条板吊顶、铝方通吊顶等。本书将依据相应吊顶类型展开介绍。

1. 轻钢龙骨纸面石膏板吊顶

1）适用范围

民用建筑大堂、酒店大厅等空间。

2）质量要求

（1）吊顶标高、尺寸、起拱和造型应符合设计要求。

（2）纸面石膏板的材质、品种、规格、图案及颜色和性能要符合设计要求及国家现行标准的有关规定。

（3）吊杆、龙骨的材质、规格、安装间距及连接方式应符合设计要求。金属吊杆应进行表面防锈处理，木龙骨应进行防腐和防火处理。

（4）石膏板接缝应按其施工工艺标准进行板缝防开裂处理。安装双层石膏板时，面层

板与基层板的接缝应错开，并不得在同一根龙骨上。

（5）石膏板面层应洁净，不得有翘曲、裂缝及缺损。

（6）面板上灯具、烟感器、喷淋头、风口箅子和检修口等设备设施的位置应合理美观，与面板的接缝应吻合。

（7）吊顶整体面层平整度和缝格、凹槽直线度应符合规范要求。

3）工艺流程

施工方法与技术措施。

在吊顶施工前应根据设计图纸要求，综合考虑各安装管线的安装尺寸要求，统一安排布置定位，绘制综合布线图，确定吊顶标高，弹放墨线及大样后方可正式施工。

① 吊杆、龙骨。

a. 吊杆采用 ϕ8 热镀锌成品螺纹杆，间距为 1000mm，膨胀螺栓与混凝土结合处加一个大垫片。

b. 采用双层纸面石膏板，每层石膏板厚按设计要求。

c. 龙骨采用石膏板厂家原厂成品配套镀锌钢龙骨，按可以上人龙骨选择。所有钢构件都必须经过热浸镀锌处理。

d. 主龙骨厚度为 1.2mm，间距为 900mm，主龙骨按样板区域短跨长度的 3‰起拱。高位次龙骨间距为 300mm×1200mm，低位次龙骨间距为 300mm×600mm。

e. 吊顶高位龙骨的四个角采用宽 100mm、厚 1.0mm 镀锌铁皮拉结固定。

f. 承受一定重量的位置，固定预设两块 400mm×400mm 的阻燃板，板面与龙骨面平齐（阻燃板须固定在结构楼板面，不得与龙骨固定连接）。

g. 相邻两块石膏板之间应错缝拼接，拼缝宽 4mm。上、下两层石膏板的接缝应错开，不得在同一根龙骨上接缝，上、下层石膏板接触面须涂刷白乳胶并用自攻螺钉固定。

h. 固定石膏板的自攻螺钉钉帽应埋入板面 0.5～1.0mm，但不得使板面破损。钉帽涂防锈漆，腻子掺防锈漆补平。石膏板安装前，须核对灯孔与龙骨的位置，严禁灯孔与主、次龙骨位置重叠。

i. 造型吊顶周边挂板应采用阻燃板，板外侧覆石膏板（石膏板背面刷白乳胶），挂板与结构楼板的连接用 3mm 镀锌扁铁膨胀螺栓固定，扁铁间距不大于 600mm。

j. 空调机出风口及周边挂阻燃板，板外侧覆石膏板（石膏板背面刷白乳胶）。

k. 石膏板接缝须用石膏板配套的嵌缝剂嵌填，保证嵌填平整。吊顶阴阳角要求采用石膏板配套的金属阴阳角护角纸带。

l. 采用成品检修孔（含检修孔边框）。规格满足检修要求。其周边龙骨须加固处理。

m. 石膏板的对接缝，应按产品要求说明进行板缝处理。纸面石膏板与龙骨固定，应从一块板的中部向板的四边固定，不允许多点同时作业，以免产生内应力，铺设不平。钉子的埋置深度以螺钉头的表面略埋入板面，并不使板面破坏为宜，钉眼应除锈，并用石膏腻子抹平。

n. 吊顶施工中各工种之间的配合十分重要，避免返工拆装损坏龙骨及板材。吊顶上的风口、灯具烟感探头、喷淋洒头等在吊顶板就位后安装，也可以留出周围吊顶板，待上述设备安装后再行安装。在安装铺设纸面石膏板过程中，应使用专门的材料与机具，以免影响工程质量。

② 石膏板缝处理。

a. 用纸面石膏板的配套腻子将嵌缝内填满刮平，宽度为 340mm，用专用纸带封住接缝并用底层腻子薄覆，同时用底层腻子盖住所有的螺钉。在常温下，底层腻子凝固时间不少于 1h。

b. 第一道腻子凝固后，轻抹第二道专用嵌缝底层腻子于板面并修边，抹灰宽度约 440mm，同时，再次用相同的底层腻子将螺钉部位覆盖，第二道腻子在常温下的干燥时间也不少于 1h。

c. 第三道腻子（表面腻子）抹一层纸面石膏板配套的嵌缝表面腻子，抹灰宽度约 440mm，用潮湿的刷子湿润板边缘后用腻子修边，同时再涂抹螺钉部位，宽度约为 25mm，第三道腻子（表面腻子）凝固后，用 150mm 砂纸打磨其表面，打磨时用力要轻，以免将接缝处划伤。

4）反支撑施工方案

（1）反向支撑适用于装饰吊顶完成面到建筑楼顶板面的距离大于 1.5m 小于 3m 的范围内。大于这个范围需要考虑设置提供连接的转换层结构。

（2）反向支撑结构的上部需要与建筑结构或承重构件相连，通过吊顶荷载计算，合理安排间距和受力位置，一般可以使用化学螺栓、膨胀螺栓、钢结构抱箍等方法与建筑承重体固定。反向支撑的结构材料一般为角钢、槽钢、方管，并做镀锌处理。满焊为三角形框，三角形框架底边位于上方，尖角向下固定吊杆。

（3）注意在确定要设置反向支撑之前，须得到结构工程师的计算认可，并得到业主的书面确认。

（4）当吊杆长度大于 1.5m 时应设置反支撑，反向支撑就是在正常吊杆的情况下，从吊杆的下端斜向顶棚安装连接一个拉杆，拉杆要有一定的刚度，与吊杆形成一个稳固的三角形，防止吊顶在气压变化的时候向上变形，形成穹顶，造成吊顶破坏。反支撑的数量应根据施工方案设置。

（5）反支撑一般使用角钢或直径 10mm 以上的钢筋，也可以使用主龙骨，但是要满足以下条件：

① 具有一定的刚度；

② 应满足防火、防腐要求；

③ 与结构进行可靠连接；

④ 数量及位置要依据结构力学计算及现场构造确定。

（6）在反向支撑安装的布局上，反支撑不应在同一直线上，应为梅花形分布，支撑角度应在 30°～45°，间距在 2m 左右，可根据实际情况调整。反向支撑下端通常固定在吊杆上，但因为材料的原因不易铆接或认为效果没有直接铆接在主龙骨上好，所以现场施工中有不少是直接锚固在主龙骨上。反支撑节点图见图 1.5-1。

（7）弹顶棚标高水平线：根据楼层标高水平线，用尺竖向量至顶棚设计标高，沿墙向四周弹顶棚标高水平线。

（8）划龙骨分档线：按设计要求的主、次龙骨间距布置，在已弹好的顶棚标高水平线上划龙骨分档线。

（9）安装主龙骨吊杆：弹好顶棚标高水平线及龙骨分档位置线后，确定吊杆下端头的

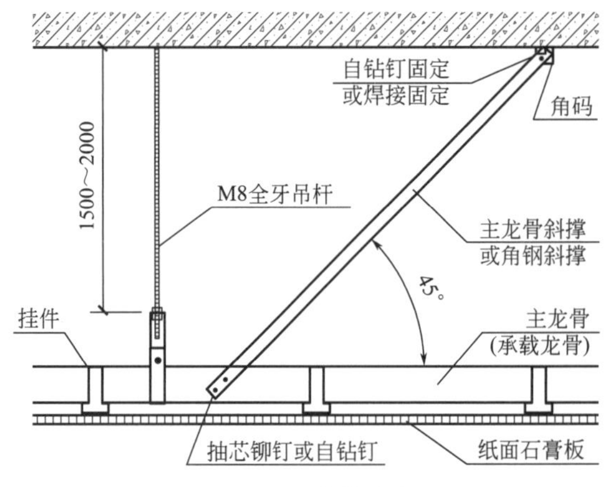

图 1.5-1　反支撑节点图

标高，按主龙骨位置及吊挂间距，将吊杆无螺栓丝扣的一端与楼板预埋钢筋连接固定。未预埋钢筋时可用膨胀螺栓。

（10）安装反支撑构件：反支撑构件采用 40mm×40mm 角钢加工而成，使用 ϕ10 胀管与顶棚原结构固定，下端与吊顶 38 主龙骨锚固连接。反支撑间距为 1600～2400mm。起到稳固吊顶的作用。

5）精品要点

（1）面板上灯具、烟感器、喷淋头、风口箅子和检修口等设备设施的位置应合理美观，与面板的接缝应吻合。

（2）吊顶整体面层平整度和缝格、凹槽直线度应符合规范要求。

6）实例或示意图

示意图见图 1.5-2。

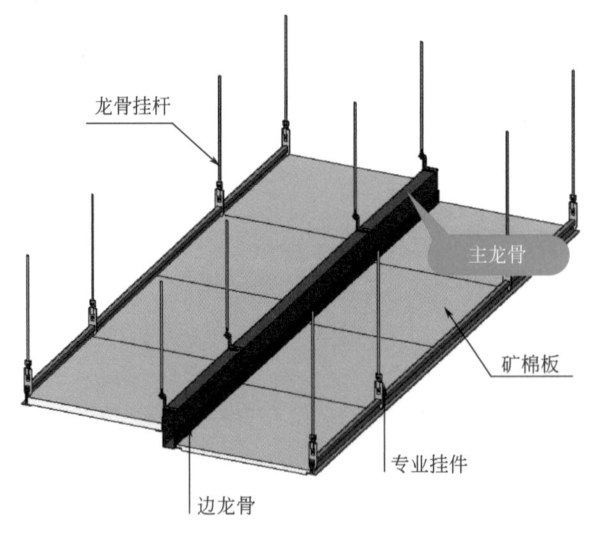

图 1.5-2　轻钢龙骨纸面石膏板吊顶

2. 高空异形铝条板吊顶

1）适用范围

民用建筑大堂、酒店大厅等空间。

2）质量要求

（1）吊顶标高、尺寸、起拱和造型应符合设计要求。

（2）面板的材质、品种、规格、图案及颜色和性能要符合设计要求及国家现行标准的有关规定。

（3）吊杆、龙骨的材质、规格、安装间距及连接方式应符合设计要求。金属吊杆应进行表面防锈处理，木龙骨应进行防腐和防火处理。

（4）面板面层应洁净，不得有翘曲、裂缝及缺损。

（5）面板上灯具、烟感器、喷淋头、风口箅子和检修口等设备设施的位置应合理美观，与面板的接缝应吻合。

（6）吊顶整体面层平整度和缝格、凹槽直线度应符合规范要求。

3）工艺流程

（1）工序。

测量放线→龙骨安装→放铝板控制线→铝板安装→装密封胶棒打注胶→清理

（2）工艺做法：

① 根据现场实际尺寸确定龙骨的安装位置；

② 安装龙骨并固定，龙骨二次调平，确认无误后焊接牢固；

③ 提前计算 L 形角码的长度，铝板安装前应在龙骨处放置铝板安装水平控制线；

④ 根据安装水平控制线，调整 L 形角码的安装高度，控制面板安装高度；

⑤ 安装密封胶棒打注密封胶；

⑥ 清理面板。

4）精品要点

（1）面板上灯具、烟感器、喷淋头、风口箅子和检修口等设备设施的位置应合理美观，与面板的接缝应吻合。

（2）吊顶整体面层平整度和缝格、凹槽直线度应符合规范要求。

（3）铝条板安装表面平整度、相邻板面高差、阴阳角直线度应符合要求（表面平整度 2mm，相邻两板面高低差 1mm，阴阳角直线度 2mm）。

5）示意图

示意图见图 1.5-3。

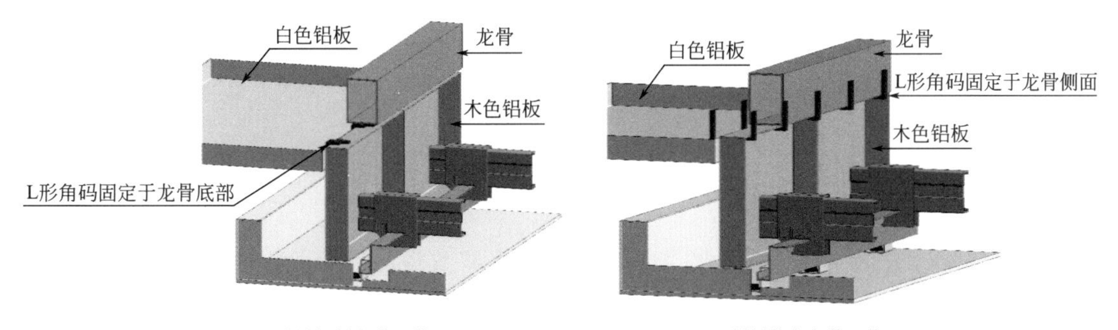

(a) 传统铝板安装工艺　(b) 创新节点安装工艺

图 1.5-3　高空异形铝条板吊顶节点图

3. 曲面造型 GRG 吊顶

1）适用范围

适用于民用建筑大堂、酒店大厅等空间。

2）质量要求

（1）吊顶标高、尺寸、起拱和造型应符合设计要求。

（2）面板的材质、品种、规格、图案及颜色和性能要符合设计要求及国家现行标准的有关规定。

（3）吊杆、龙骨的材质、规格、安装间距及连接方式应符合设计要求。金属吊杆应进行表面防锈处理，木龙骨应进行防腐和防火处理。

（4）面板面层应洁净，不得有翘曲、裂缝及缺损。

（5）面板上灯具、烟感器、喷淋头、风口箅子和检修口等设备设施的位置应合理美观，与面板的接缝应吻合。

（6）吊顶整体面层平整度和缝格、凹槽直线度应符合规范要求。

（7）GRG 吊顶表面平整、无凹陷、翘边、蜂窝麻面现象，板面接缝平整光滑；安装牢固可靠，转角过度平滑，涂料喷涂均匀，分色界面清晰。

3）工艺流程

现场三维数据采集→点云建模→模型对比→数字化下单、加工→三维空间测量放线→GRG 单元板安装→嵌缝处理→做面层

（1）对施工现场进行三维扫描，将相关信息采集，生成相关数据报告，为后续的信息模型建立工作提供优先条件。

（2）依据扫描仪生成的点云外形，采用专业的逆向软件来反求出与扫描对象吻合的三维模型。

（3）将现场曲面网壳基层 GRG 模型与设计模型做数据比对，进行施工前的模型碰撞实验，找出存在冲突的区域，针对该区域设计进行空间调整。

（4）根据之前做的数据扫描工作及调整后的模型，将模型做合理化的分割再进行后场加工。

（5）项目部运用大空间自由曲面三维数字化施工法进行放线、定位。通过 BIM 系统，生成各板块自有的三维坐标控制点，来指导面层材料的安装定位。

（6）GRG 单元板之间用 6mm 螺杆连接，螺杆在单元板之间用小木块做垫片。

（7）在天花 GRG 板安装完成后，检查对拉螺栓是否全部拧紧，所有板缝填补密实后，再在板背面的拼接缝部位，采用专用嵌缝膏填实板缝。填实后 1h 再均匀地刮一层嵌缝膏并贴好玻璃纤维网格胶带，胶带宽 50mm，再刮一遍嵌缝膏，使其嵌入膏体内，三道工序连续处理。

（8）GRG 面层施工。

4）精品要点

（1）面板上灯具、烟感器、喷淋头、风口箅子和检修口等设备设施的位置应合理美观，与面板的接缝应吻合。

（2）吊顶整体面层平整度和缝格、凹槽直线度应符合规范要求。

（3）铝条板安装表面平整度、相邻板面高差、阴阳角直线度应符合要求（表面平整度

2mm，相邻两板面高低差 1mm，阴阳角直线度 2mm）。

5）示意图

示意图见图 1.5-4、图 1.5-5。

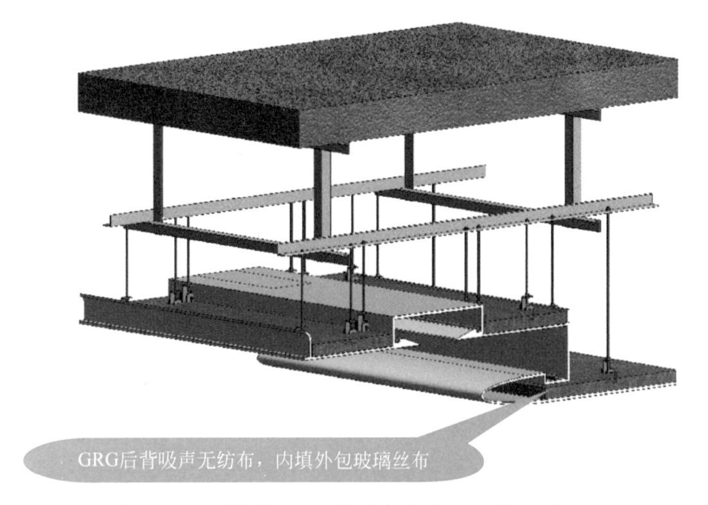

图 1.5-4　弧形 GER 吊顶安装节点三维示意图

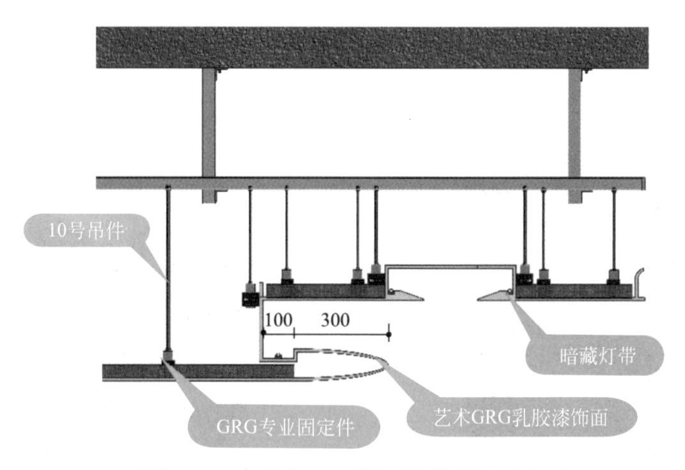

图 1.5-5　弧形 GER 吊顶安装剖面示意图

1.5.2　墙柱面施工

1. 石材饰面

1）适用范围

适用于民用类建筑大堂的施工。

2）质量要求

（1）石材墙面工程所用材料的品种、规格、性能和等级，应符合设计要求及国家现行产品标准和工程技术规范的规定。

（2）石材墙面的造型、立面分格、颜色、光泽、花纹和图案应符合要求。

（3）石材孔、槽的数量、深度、位置、尺寸应符合设计要求。墙角的连接点应符合设计要求和技术标准的规定。

(4) 石材表面应平整、洁净，无污染、缺损和裂痕。颜色和花纹应协调一致，无明显色差，无明显修痕。

(5) 石材接缝应横平竖直、宽窄均匀；阴阳角石板压向应正确，板边合缝应顺直；凹凸线出墙厚度应一致，上下口应平直，石材面板上洞口、槽边应套割吻合，边缘应整齐。

3) 工艺流程

施工准备→放线弹线→埋板安装→钢骨架制作安装→修理保护

4) 精品要点

(1) 施工准备：

① 现场根据设计图纸，进行测量放线，根据测量结果进行深化图纸的绘制。

② 进行石材排板、编号，确定下单表，准备石材加工及供应。

③ 基体的处理，对基体墙体进行垂直度、平整度检查，必要时进行凿除、修整。

(2) 放线弹线：

根据设计要求在地上放样并弹出骨架、饰面轮廓线和墙上水平基准线，并放好各部位的垂直槽钢线。

(3) 埋板安装：

按照竖龙骨槽钢位置，确定埋板位置，在混凝土梁、墙上用膨胀螺栓固定埋板。

建议采用 5～8mm 厚钢板，用 ϕ10 金属膨胀螺栓固定，埋板上、下间距不宜大于 3000mm，横向间距同竖龙骨间距，一般应小于 1000mm（图 1.5-6、图 1.5-7）。

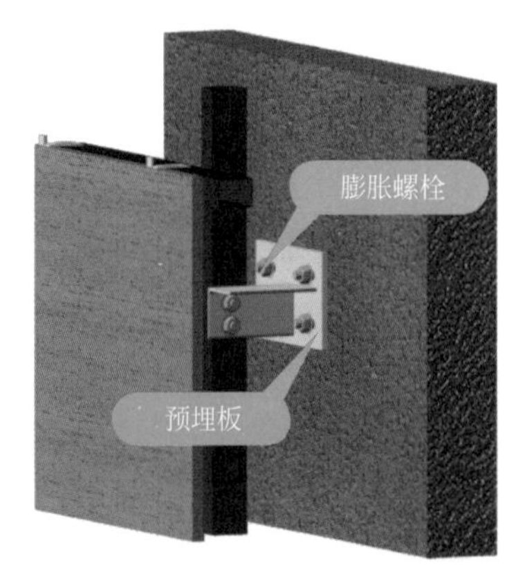

图 1.5-6　干挂石材（一）

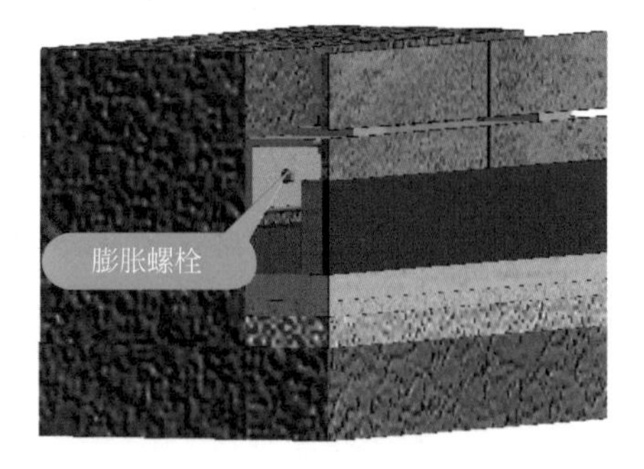

图 1.5-7　干挂石材（二）

(4) 钢骨架制作安装：

需要安装钢骨架的墙面按照所弹的分割线合理布置钢骨架的竖龙骨，间距一般控制在 1000mm 左右。竖龙骨一般采用槽钢，竖龙骨与埋板四边满焊连接。

横龙骨采用镀锌角钢，间距视石材规格而定，与竖龙骨满焊连接，安装前根据石材规格在角钢一面预先打孔以备挂件固定用。

横龙骨水平偏差不宜超过 3mm，钢骨架经验收合格后，对所有焊接部位进行防锈处理。

(5) 石材安装：

① 在钢骨架上插固定螺栓，镶不锈钢或铝合金固定挂件。

② 根据设计尺寸，将石材固定在专用模具上，对石材上、下端进行开槽。开槽深度15mm左右，槽边与板材正面距离约15mm并保持平行，背面开一企口以便干挂件能嵌入其中。

③ 用AB结构胶嵌下层石材的上槽，插连接挂件，嵌上层石材下槽。

④ 临时固定上层石材，镶不锈钢挂件，调整后用AB结构胶固定。

（6）修理保护：

用珍珠薄膜盖住安装好的石材墙面，保证地面以上2m范围均覆盖，进行成品保护。

5）实例或示意图

示意图见图1.5-8、图1.5-9。

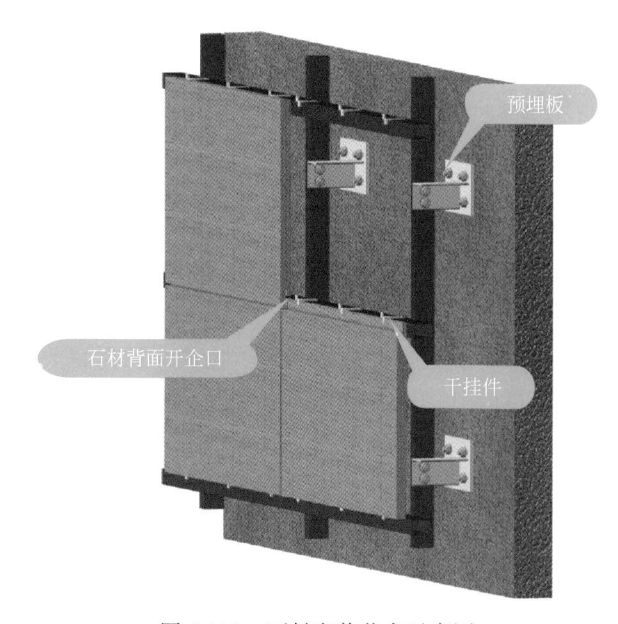

图1.5-8　石材安装节点示意图

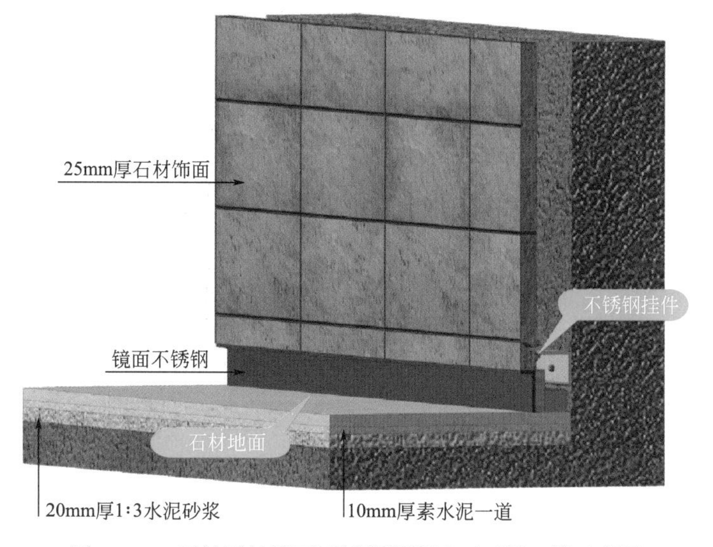

图1.5-9　石材干挂墙面不锈钢踢脚地面石材三维示意图

2. 木饰面

1）适用范围

适用于民用类建筑大堂的施工。

2）质量要求

（1）饰面板表面应平整、洁净、色泽一致，无裂痕和缺损。

（2）饰面板嵌缝应密实、平直，宽度和深度应符合设计要求，嵌填材料色泽一致。

（3）饰面板边缘应整齐。安装时不得有少钉、漏钉和透钉的现象。

（4）配件安装应严密、平整、牢固，结合处应无崩槎、松动现象。

（5）饰面板的品种、颜色、规格和性能应符合设计要求，木龙骨、木饰面板的燃烧性等级应符合设计要求。

（6）饰面板安装工程的连接件的数量、规格、位置、连接方法和防腐处理必须符合设计要求，饰面板安装必须牢固。

3）工艺流程

施工验收→弹线定位→安装骨架→安装挂条→安装木饰面→成品验收

4）精品要点

（1）木饰面安装前应对照设计图纸和深化图纸，对安装位置和安装条件进行验收确认，确认无误后再进行安装。

（2）木饰面板安装前应对材料进行验收，保证木饰面无质量缺陷、色差等问题。

（3）木饰面的安装应依据设计图纸和深化图纸的安装顺序图进行。

（4）木饰面安装前应预先进行弹线，对于块状木饰面的安装要拉通线，保证木饰面的接缝直线度。

（5）木饰面安装前应对基层的平整度、垂直度、牢固度进行检查。安装过程中应随时对木楔、木龙骨、基层板、挂条的平整度、垂直度、牢固度进行检查，并及时进行调整（图 1.5-10）。

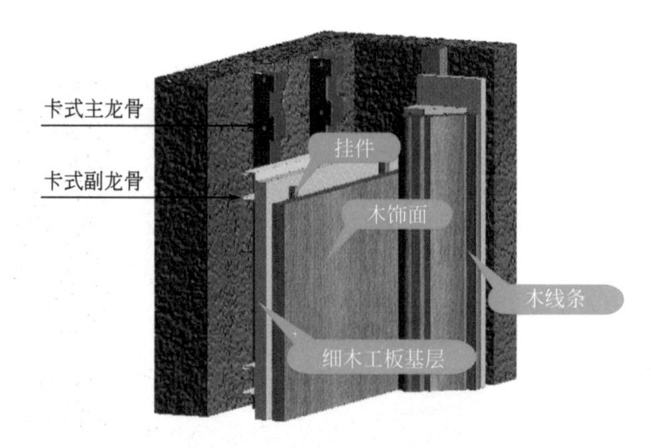

图 1.5-10　木饰面安装节点

（6）木饰面连续安装长度超过 6m 时或者在伸缩缝位置处，须设置插条或者预留工艺收口槽。

（7）木饰面安装时应参照水平基准线，保证工艺槽的跟通。

（8）木饰面在包装、存储、运输过程中要注意保护。安装完成后应及时进行成品保护。

5）实例或示意图

实例或示意图见图 1.5-11、图 1.5-12。

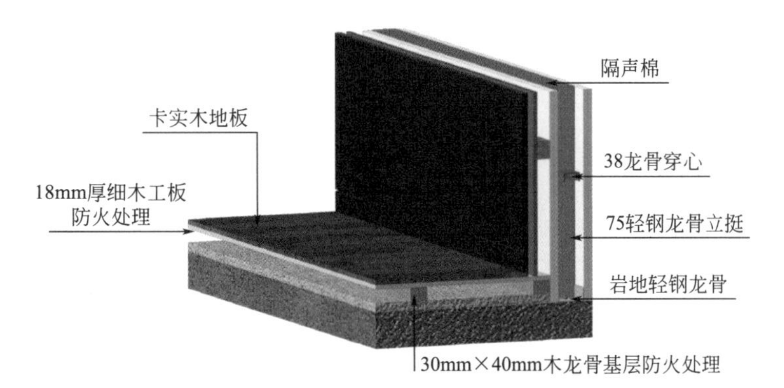

图 1.5-11 墙面木饰面地面地板

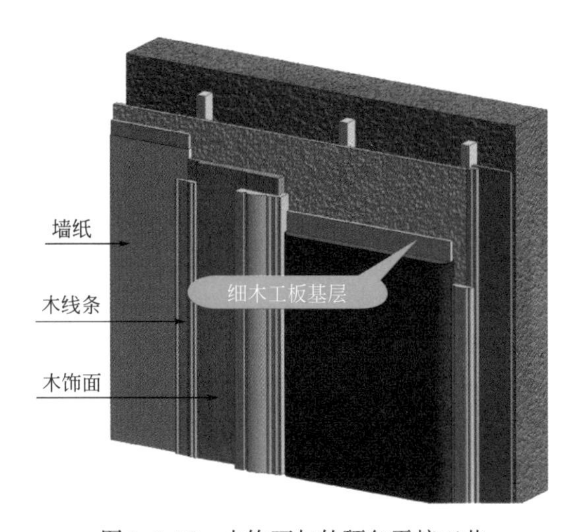

图 1.5-12 木饰面与软硬包平接工艺

3. 铝板饰面

1）适用范围

适用于民用类建筑大堂的施工。

2）质量要求

（1）主材选择要严格按照图纸要求，确保厚度及颜色均达到设计要求。

（2）在备料时应注意测量尺寸的精准，在施工前应准确测量每一个位置的实际尺寸，以免出现误差，造成观感效果不理想。

（3）主材在运输和进场时应注意保护，不得将塌陷或有破损的铝板用于施工。

（4）基层安装时应注意铝板的交接处，对缝要平直，接缝不能出现错台且接缝应密实，接缝宽度应一致，不能出现大小缝的现象。

（5）面层安装时应注意铝板的交接处，对缝要平直，接缝处不能出现错台且接缝应密实，接缝宽度应一致，不能出现大小缝的现象。

（6）完成后应注意成品保护，保护膜在竣工清理前应保留，不得用特硬或尖锐物体撞击、摩擦铝板，以免出现凹凸或划痕。

3）工艺流程

胶粘式铝单板安装流程：

基层验收→弹线定位→安装骨架→安装基层板→安装铝单板→成品验收

打钉式铝单板安装流程：

基层验收→弹线定位→安装骨架→安装铝板→成品验收

扣装式铝单板安装流程：

基层验收→弹线定位→安装骨架→安装卡板→安装铝单板→成品验收

4）精品要点

（1）胶粘式安装方式：适用于板材厚度薄的材质，壁厚一般为1.2～1.5mm。因为金属板面积越大，对平整度要求就越高，板子也就越厚，而且越容易起波光效果。

（2）打钉式安装方式：此种安装方式决定了铝单板的出厂形态，在铝单板上就会有使用角码形成的“小耳朵”，通过“打钉”的方式将“小耳朵”与基层钢架进行固定，之后将缝隙处通过压条或者打胶的方式进行收口。

（3）扣装式安装方式：①采用这种“干挂式”做法，竖龙骨间距与板块宽度相同，建议金属板块宽度≤1200mm。②为保证最终饰面效果的平整度，采用“干挂式”做法的金属板厚度不宜<2mm，板块越大厚度越厚，且需在板材背部加设背筋（加强筋）来保证金属板的平整度。③固定竖龙骨的角码间距宜≤1200mm，但如果在轻体砌块上进行安装，则不能采用这种角码固定的方式，应将角码固定在混凝土圈梁或楼板、结构梁上。④采用基层板作为基体代替钢架来固定U形槽或吃钉，能够不受板块大小的影响，相对布置灵活，但由于基层采用的是木夹板，其防火性能不高。

（4）骨架应保证平直，先用红外线水平仪对整体进行抄平，并将横骨的位置在柱体上弹出水平线。

（5）在安装膨胀螺栓工序完成后，按照规范要求，需要抽几个点进行拉拔试验，如果实验结论符合要求则进行下一步施工，如发现点位的数值不达标，则应重新选择连接点。

（6）干的龙骨与纵向竖骨连接处必须按照要求双面满焊连接，焊口处应刷防锈涂料，保证骨架坚固稳定。

（7）安装挂钩时应对挂钩进行进一步的调平，要确保横向和纵向每排挂钩都水平统一。

（8）安装铝板时应从下至上安装，这样有利于保证踢脚线的尺寸，安装完成后根据实际安装效果做微调，如果出现细微的错台，可用玻璃吸盘吸附铝板，调整平整度。

5）实例或示意图

实例图见图1.5-13。

4. 涂料饰面

1）适用范围

适用于民用类建筑大堂的施工。

2）质量要求

（1）乳胶漆涂刷使用的材料品种、颜色应符合设计要求，涂刷面颜色一致，不允许有

图 1.5-13　扣装式铝板安装方式

透地、漏刷、掉粉、皮碱、起皮、咬色等质量缺陷。

（2）使用喷枪喷涂时，喷点应疏密均匀，不允许有连皮现象，不允许有流坠，手触摸漆膜时，触感光滑、不掉粉，门窗及灯具、家具等要保持洁净，无涂料痕迹。

3）工艺流程

基层处理→阴阳角处理→刮腻子→打磨→施涂第一遍涂料→施涂第二遍涂料

4）精品要点

（1）残缺处应补齐腻子，砂纸打磨到位。应按照规程和工艺标准去操作。

（2）基层腻子应平整、坚实、牢固，无粉化、起皮和裂缝。

（3）溶剂型涂料涂饰应涂刷均匀、粘结牢固，不得漏涂、起皮和反锈。

（4）油漆施工的环境温度不宜低于 10℃，相对湿度不宜大于 60%。

（5）后一遍涂料的涂刷必须在前一遍涂料干燥后进行。

5）实例或示意图

实例或示意图见图 1.5-14、图 1.5-15。

图 1.5-14　涂料施工过程

图 1.5-15　涂料完成饰面效果

5. 其余大堂经常用到的饰面材料做法和注意要点

1）适用范围

适用于民用类建筑大堂的施工。

2）质量要求

墙纸：拼接严密、拼花精准，距墙1m处光照无色差、不显接缝。

玻璃：无崩边、碎角；相邻板的板边一定要厚薄均匀、一致，以免产生接缝高差。

硬包：

（1）硬包面料、内衬材料、材质颜色图案各种性能要符合设计要求及国家行业规则相关规定。

（2）硬包工程的安装及构造要符合设计要求。

（3）硬包工程的龙骨对称边框的安装应牢固，拼缝应平直。

（4）单块面料不要有接缝，四周要严密合缝。

（5）一般的硬包表面应该平整、干净、图案清晰、无色差，整体要协调美观。

（6）边框要平整平直、接缝吻合，清漆颜色、木纹也要协调一致。

3）工艺流程

墙纸：墙纸基层处理→涂刷基膜→弹线→粘贴壁纸→安装铝单板

玻璃：施工放线→安装龙骨→安装基层板→安装玻璃→拼接处理→擦洗

硬包、软包：基层处理→吊直、套方、找规定、弹线→计算用料→截面粘贴面料→安装贴脸、刷镶边油漆→修整软、硬包墙面

4）精品要点

（1）不管是软包还是硬包，在选择基层板材时，都需要考虑其防潮性，推荐使用高密度板作为基层板使用。

（2）防火规范规定，软包的填充物厚度不应大于15mm，同时使用面积不能大于墙画或吊顶面积的10%，否则消防验收不能通过。

（3）原则上，在高标准的设计项目里，是不能使用低于B1级的面料作为软、硬包饰面的，同时也不能使用木龙骨作为基层材料，为了保险起见，在做完软、硬包后，建议在其表面喷涂阻燃剂。

（4）不同的饰面面料的宽幅是不同的，在审图时，应当格外关注软、硬包的宽度与所采用饰面面料的宽幅是否匹配，如果不匹配，应根据饰面面料的宽幅做出适当的尺度调整。

（5）对于大面积硬包板或需要枪钉固定的部位，应尽量将枪钉固定在接缝隐蔽部位，板材的正面尽量不要用枪钉固定，皮革硬包板严禁使用枪钉。因为使用枪钉时，一是板材容易起皱以及造成板材受力不均，二是枪钉时间长会生锈，返在面料表面会形成锈点。

（6）常规情况下，当做完软、硬包饰面后，整体完成面包括基层的厚度需要50mm左右，在前期核对完成面尺度图时，应当考虑进去。

（7）用皮革或织物布料制作硬包板时，应将布料绷紧，以免日后硬包板出现褶皱等现象。必要时可以在皮革或布料上涂刷胶水进行粘接，但需注意胶水不能过多，且不能是酸性胶水，否则容易导致布料变色或变质。

（8）粘贴玻璃板块应采用双面胶及中性玻璃胶，玻璃与玻璃之间预留1～2mm缝隙，

确保板块之间伸缩变形不受影响。

5）示意图

示意图见图 1.5-16～图 1.5-18。

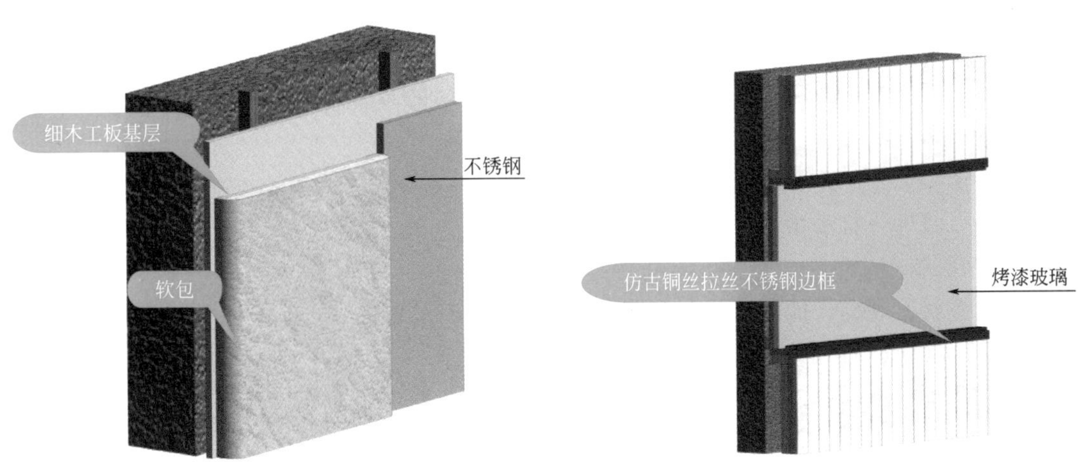

图 1.5-16 木饰面与软硬包平接工艺

图 1.5-17 木饰面与软硬包平接工艺

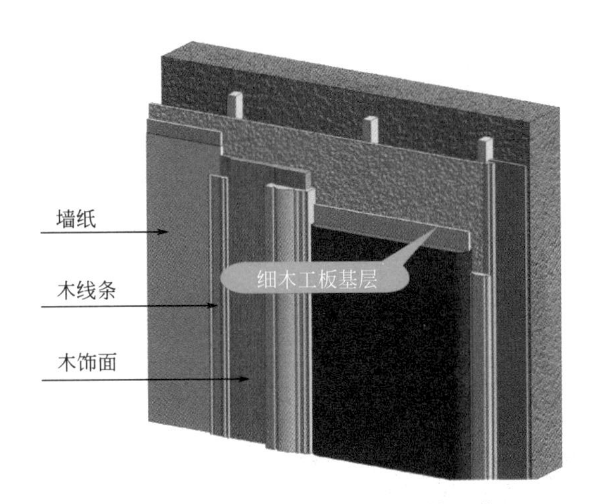

图 1.5-18 木饰面与软硬包平接工艺

1.5.3 地面施工

1. 石材地面

1）适用范围

适用于地面为石材饰面的民用建筑大堂。

2）质量要求

（1）石材的表面应洁净、平整、无磨痕，且应图案清晰，色泽一致，接缝均匀，周边顺直，镶嵌正确。

（2）板块应无裂纹、掉角、缺棱等缺陷。

（3）面层与下一层应结合牢固，无空鼓。

（4）大理石面层和花岗石面层（或碎拼大理石面层、碎拼花岗石面层）的表面平整度、缝格平直度、接缝高低差、板块间隙宽度应符合国家现行有关标准的要求。

（5）大理石、花岗石面层所用板块品种、颜色、图案等应符合设计要求和国家现行有关标准的规定。

3）工艺流程

检查预拌水泥砂浆、石材质量→基层处理→定位放线→石材镶贴→拨缝、调整→养护填缝、清理→打磨抛光→检查验收

检查预拌水泥砂浆、石材质量→石材试拼、编号→石材浸润→石材镶贴→拨缝、调整→养护填缝、清理→打磨抛光→检查验收

4）精品要点

（1）板材有裂缝、掉角、翘曲和表面有缺陷时应予剔除，品种不同的板材不得混杂使用。

（2）在铺设前，应根据石材的颜色、花纹、图案、纹理等按设计要求，试拼编号。

（3）石材面层铺设前，板块的背面和侧面应进行防碱处理。

（4）基层清理时必须将残留尘土油渍等清洗干净，并浇水润湿，均匀涂刷水泥砂浆。

（5）石材铺贴完成后需进行养护，养护期间严禁上人上车。

（6）使用石材云石胶填缝时，其色泽应与选用石材品种色泽相近。

（7）石材板块打磨抛光时应保证抛光面无石材裂纹。

5）示意图

示意图见图 1.5-19。

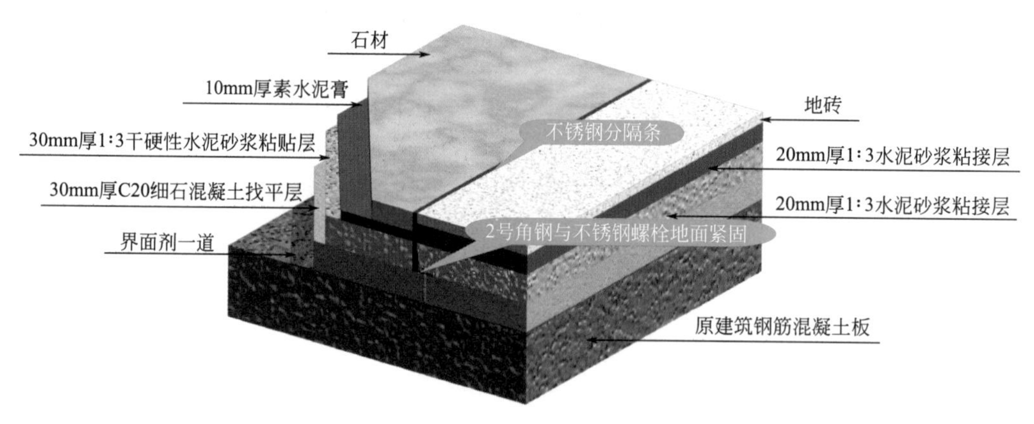

图 1.5-19 石材（地砖）安装节点图

2. 瓷砖地面

1）适用范围

适用于地面为瓷砖饰面的民用建筑大堂。

2）质量要求

（1）饰面砖的品种、规格、图案、颜色和性能应符合设计及国家现行有关标准的要求。

（2）板块无裂纹、缺楞、掉角等缺陷，板块接缝应均匀。

（3）面层与下一层应结合（粘结）牢固、无空鼓。

（4）采用镶边时，面层邻接处的镶边用料及尺寸应符合设计要求，边角应整齐、光滑。

（5）砖面层表面平整度、缝格平直度、接缝高低差、板块间隙宽度应符合国家现行有关标准的要求。

3）工艺流程

检查预拌水泥砂浆、地砖质量→基层处理→定位放线→地面面砖镶贴→拨缝、调整→养护→填缝、清理→检查验收

检查预拌水泥砂浆、地砖质量→面砖浸润备用→地面面砖镶贴→拨缝、调整→养护→填缝、清理→检查验收

4）精品要点

（1）应根据实际测量尺寸，按照对称、居中、对缝原则进行排板，无小于1/2窄条砖，非整砖应排在阴角处或不明显处。

（2）饰面砖应色泽一致、无色差，砖缝宽窄一致、交圈，接缝平整。

（3）地面基层处理时必须将残留尘土油渍等清洗干净，在清理好的基层上应均匀涂刷水泥砂浆。

（4）地面砖面线高度应与地面标高线吻合，铺贴大面以铺好的标准高度面为标基进行施工，铺贴时用拉出的对缝平直线来控制瓷砖对缝的平直。

（5）填缝要求清晰顺直、平整光滑、深浅一致，缝应低于砖面0.5～1mm。

（6）加强成品保护措施，地砖养护期间严禁上人踩踏。

5）实例或示意图

实例图见图1.5-20、图1.5-21。

图1.5-20　地砖围边

图1.5-21　地砖填缝效果

1.5.4　收边收口施工

装修收口是通过对装饰面的边、角以及衔接部分进行工艺处理，来达到弥补装饰面的不足之处，增加装饰效果的目的。它一方面是指装饰面收口部位的拼口接缝以及对收口缝的处理时，用饰面材料将其遮盖，避免基层材料外露影响装饰效果；另一方面是指用专门

的材料对装饰面之间的过渡部位进行装饰，以增加装修的效果。一般装修收口的方法主要有压边、留缝、碰接、榫接等，这些方法应该根据设计的风格、材料的性质、构件的形成进行选用。

1. 墙面与地面收口

1）适用范围

民用建筑大堂、门厅、走道等公共区域的墙面与地面之间主要用踢脚线或称踢脚板来收口。踢脚板收口有内凹式和凸式两种。踢脚板材料可用实木板、厚木夹板及塑料板、石料板等。

2）质量要求

（1）踢脚线材料应符合设计及规范要求，材料不得有翘曲、破损。

（2）墙面与地面收口处踢脚安装方法应符合规范、图集要求。

（3）收口处不同材料的压型、对撞应紧密。

3）施工工艺

墙面与地面材料选择的不同，其收口方式也不相同；本书对墙地面收口进行分类，如图 1.5-22～图 1.5-25 所示。

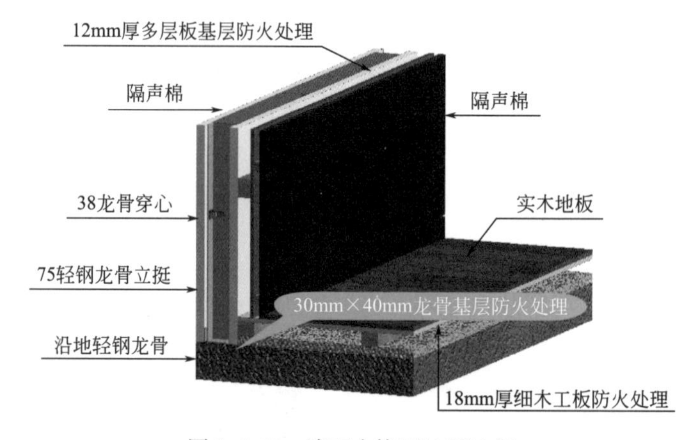

图 1.5-22　墙面木饰面地面地板

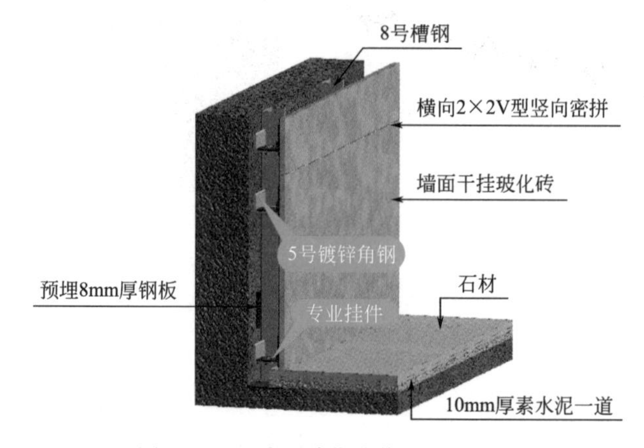

图 1.5-23　墙面玻化砖落地地面石材

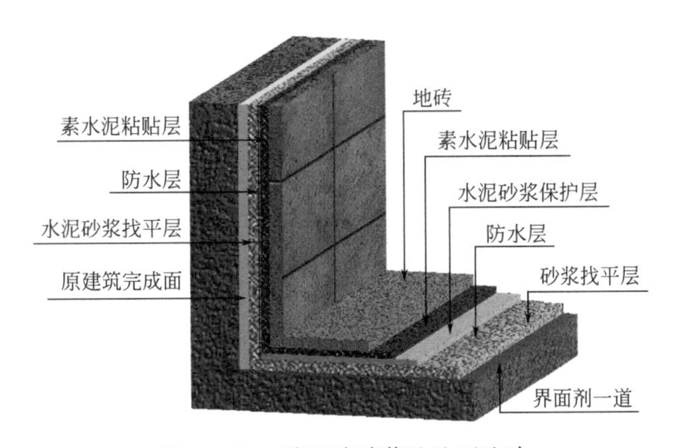

图 1.5-24 墙面墙砖落地地面地砖

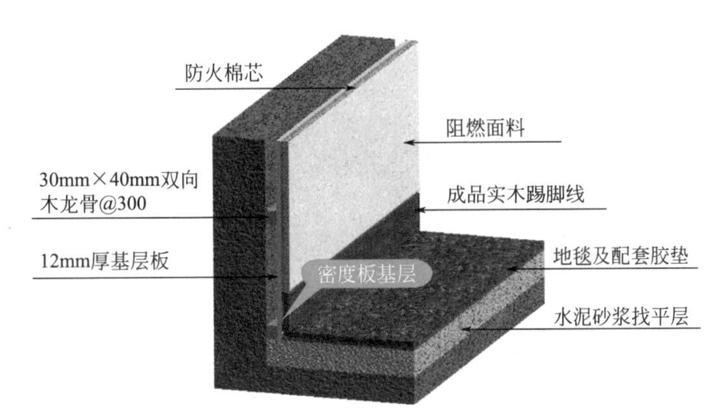

图 1.5-25 墙面软包木踢脚地面地毯

4）精品要点

(1) 收边处压边，留缝、碰接、榫接紧密，无孔隙。

(2) 收边材料应依据规范、标准设计安装。

(3) 不同材料交接处、墙体饰面过渡平顺。

5）示意图

示意图见图 1.5-26。

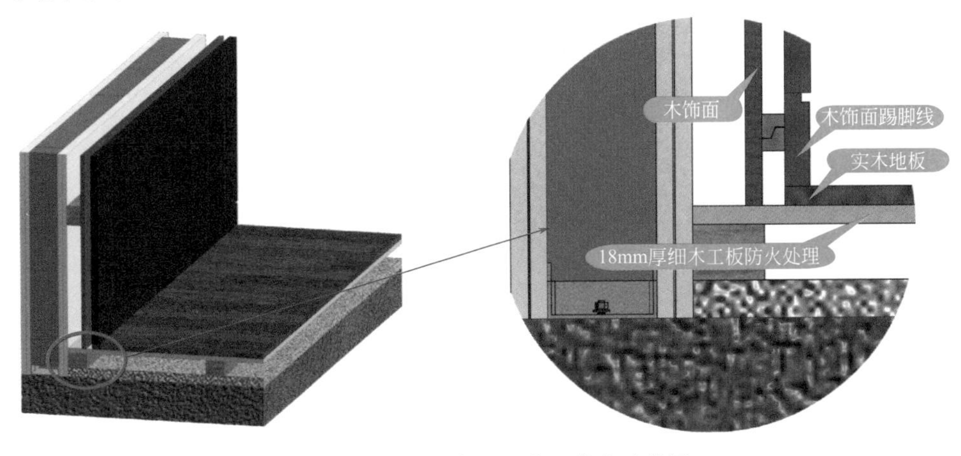

图 1.5-26 墙面与地面收口节点示意图

2. 墙面与顶面收口

1）适用范围

民用建筑大堂、门厅、走道等公共区域。

墙面与顶面交接，在室内装饰施工中常见的为墙面石材与石膏板吊顶面的交接或木饰面吊顶的交接，不同材质的界面由于存在物理学特性等差异、空间环境及气候变化等因素，在交接处常出现开裂、变形以及自身缺陷被暴露等缺陷。

2）质量要求

（1）收口材料的选择应符合设计及规范要求，材料不得有翘曲、破损。

（2）墙面与顶面收口处，收口边条等材料安装方法应符合规范、图集要求。

（3）收口处不同材料的压型、对撞紧密。

3）施工工艺

本书针对墙面与顶面收口施工办法进行分类，如图 1.5-27～图 1.5-30 所示。

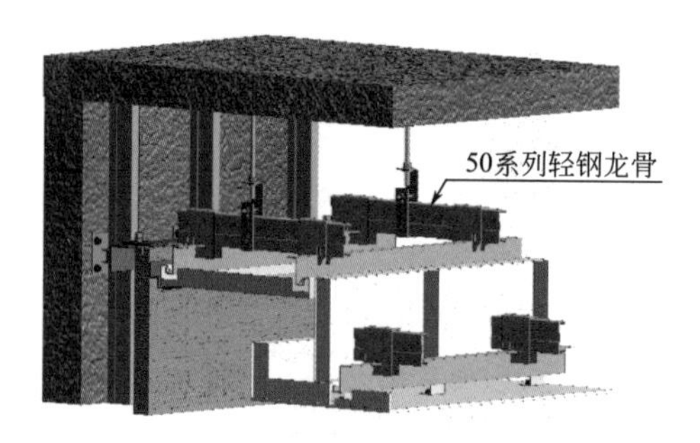

图 1.5-27　墙面石材与顶面铝板相接

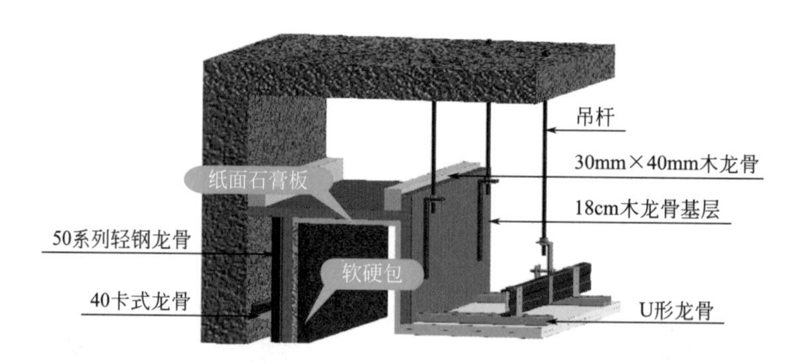

图 1.5-28　墙面软硬包与顶面乳胶漆相接

4）精品要点

（1）收边处压边，留缝、碰接、榫接紧密，无孔隙。

（2）收边材料应依据规范、标准设计安装。

（3）不同材料交接处、墙体饰面过渡平顺。

3. 不同材料收口

1）适用范围

民用建筑大堂、门厅、走道等公共区域。

不同饰面材料之间收口，可用木线条和不锈钢线条，也可用相同材料进行封口。收口

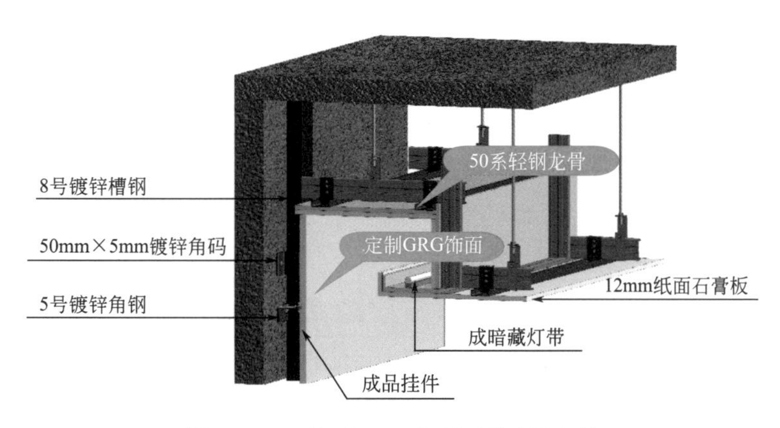

图 1.5-29　墙面 GRG 与顶面乳胶漆相接

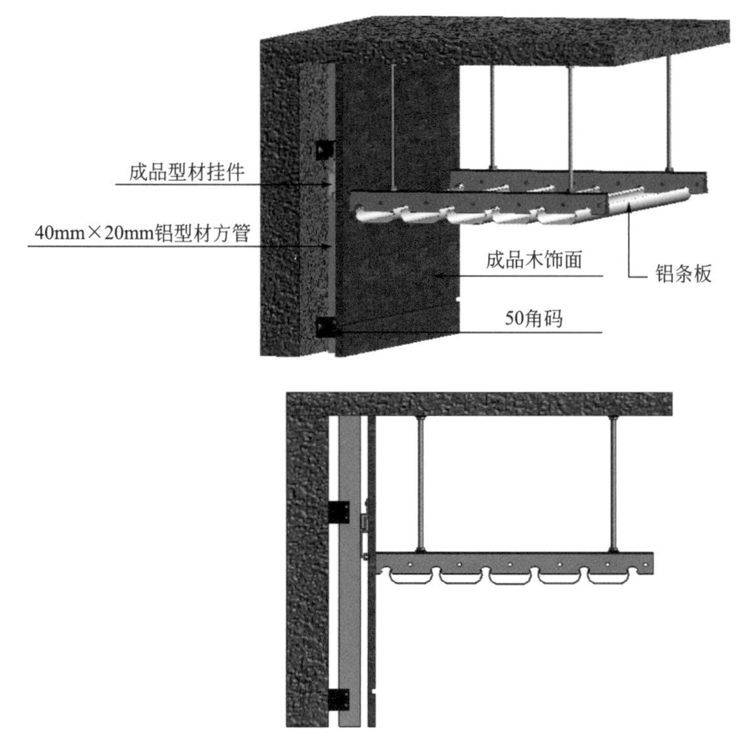

图 1.5-30　墙面木饰面与顶面铝条板相接

方式可用单线条收口、双线条收口，梯级过渡收口，同时也可用自然收口法。所谓自然收口，主要是指在两种饰面相交时，一种材料可将另一种材料的边口压住。采用自然收口时，两种材料的压口必须紧密，无脱边、离缝现象。

2）质量要求

（1）踢脚线材料应符合设计及规范要求，材料不得有翘曲、破损。

（2）墙面与地面收口处踢脚安装方法应符合规范、图集要求。

（3）收口处不同材料的压型、对撞紧密。

3）施工工艺

本书针对墙面与顶面收口施工办法进行以下分类：

不同材料收口做法一览表见表1.5-1。

不同材料收口做法 **表1.5-1**

编号	名称	做法
1	石材台面收口	墙面墙砖湿贴 石材饰面 水泥砂浆结合层 原建筑外窗 留5mm工艺缝 建筑专用胶 外墙下水坡 20 20 20
2	石材与木饰面相接	5号镀锌角钢 石材干挂件 卡式龙骨 防火夹板 木饰面挂件 成品木饰面 石材饰面
3	石材与石材相接	原建筑墙体 8号镀锌槽钢 5号镀锌角铁 石材干挂件 石材饰面 5mm×5mm倒角
4	墙面墙砖与木饰面相接	木饰面 卡式龙骨 墙面干挂玻化砖 石材干挂件 原建筑墙体 50 50 50 拼接缝密拼
5	墙面墙砖与不锈钢相接	电梯门 木方找平防火处理 原建筑完成面 拉丝不锈钢 阻燃板 5号镀锌角钢 墙面干挂玻化砖

4）精品要点

（1）收边处压边，留缝、碰接、榫接紧密，无孔隙。

（2）收边材料应依据规范、标准设计安装。

（3）不同材料交接处、墙体饰面过渡平顺。

5）实例或示意图

实例或示意图见图 1.5-31。

图 1.5-31 不同材料收口

4. 阴阳角收口

1）适用范围

民用建筑大堂、门厅、走道等公共区域。

墙柱面的转角有阴角和阳角两种，阴角收口一般用角木线条、铝合金线条，如果是相同的饰面材料也可不压木线条。两种材料在阴角处相交，可采用自然封口方式，但在阴角处不得有 1mm 以上的明显缝隙。阳角收口有侧位收口、斜角收口和包角收口等。如果是相同饰面材料的阳角，也可不压收口线条，但转角处不得有缝隙，各种板材的阳角处都应进行对缝处理。

2）质量要求

（1）收口材料应符合设计及规范要求，材料不得有翘曲、破损。

（2）阴阳角收口处压边条使用应符合规范、图集要求。

（3）收口处不同材料的压型、对撞紧密。

3）施工工艺

墙面与顶面阴阳角收口施工做法见表 1.5-2。

阴阳角收口做法 **表 1.5-2**

编号	名称	做法
1	阴角（石材、木饰面）	5号镀锌角钢 石材干挂件 卡式龙骨 防火夹板 木饰面挂件 成品木饰面 石材饰面

续表

编号	名称	做法
2	阳角（石材与石材相接）	原建筑墙体 8号镀锌槽钢 5号镀锌角铁 石材干挂件 石材饰面 5mm×5mm倒角
3	阳角（玻化砖、木饰面）	木饰面 卡式龙骨 墙面干挂玻化砖 石材干挂件 原建筑墙体 拼接缝密拼

4）精品要点

（1）收边处压边，留缝、碰接、榫接紧密，无孔隙。

（2）收边材料应依据规范、标准设计安装。

（3）不同材料交接处、墙体饰面过渡平顺。

5）实例或示意图

实例或示意图见图 1.5-32。

图 1.5-32　阴阳角收口

1.5.5　机电图纸深化设计

1. 机电管线综合排布

民用建筑大堂机电图纸的深化设计是在现有建筑施工图、结构施工图不变的基础上对原有机电设计图纸进行补充和完善的二次设计。该深化设计是对局部管道、配件或设备进行合理化、科学化的排布更改。

深化设计必须以现场情况为基础，以原有施工图和标准规范为导向，作出有针对性的方案组，经比较分析后确定，然后详细、准确地反映在深化图纸上，民用建筑大堂的机电深化主要有以下几个原则：

1）优化空间排布

优化过程必须考虑规范要求的间距、施工过程中的工艺空间要求以及日后维护检修的方便。

2）综合支架布置

在符合规范要求的前提下，尽量把可设置同种支架类型的管道并排放在一起，尽可能减少支架的数量，增加空间利用率，多考虑综合、联合支架排布。

3）管线避让原则

管道在进行排布时，基本原则是：小管让大管，支管让主管，非重力流管线让重力流管线，可弯曲管让不可弯曲管，技术要求低的管线让技术要求高的管线（例如需保温管道）；桥架在进行排布时，小桥架让大桥架，弱电桥架让强电桥架，敷设电缆要求低的桥架让敷设电缆要求高的桥架。在进行各专业管道综合排布时，整体上风管标高位置确定后基本保持不变，其他专业进行避让；各专业间，桥架与DN≥100mm的水管相碰时，桥架避让；桥架与DN<100mm的水管相碰时，水管避让。

4）吊顶内检修马道设计

当民用建筑大堂吊顶挑空较高，且吊顶面积较大时，吊顶内机电管线的检修较为困难。机电深化可依据检修的需求，对吊顶内马道进行提资。吊顶马道的路径应满足检修操作的空间需求，并符合检修路径最优原则等。

5）净高分析优化

民用建筑大堂吊顶内机电管线的深化设计应考虑装修装饰的吊顶龙骨，在遇到较大尺寸风管时，需考虑吊顶主龙骨的排布。当出现装饰吊顶转化支架影响净高效果时，在不影响设计和使用功能的前提下，优化风管的尺寸和走向，从而避开吊顶主龙骨。

6）机电末端布置图

在图纸深化设计时，充分考虑机电末端的安装空间及装饰面板面的开口要求，在满足功能的前提下布置机电末端位置，成排成线或居中设置等。根据照明灯具的选型，充分考虑灯具本身占用的空间，与装饰设计确定开口尺寸及安装方式。广播、烟温感、喷头、风口等均需根据产品形式确定开口信息。

2. 吊顶内管线施工

1）适用范围

适用于民用建筑大堂吊顶内机电管线安装。

2）质量要求

（1）空间布置合理，管线有序排列，工序符合要求，留有检修空间，不影响吊顶标高；

（2）排烟管道与排烟口接口不影响管道有效截面，排烟防火阀按要求设置，要独立直接，管道设置抗震支架，吊顶内排烟风管与可燃物之间的距离大于150mm，且镀锌铁皮风管需要按规范要求设置绝热保温层，排烟阀执行机构按规范要求安装到位，与装饰面层配合良好；

（3）消防喷淋主管有效绕行，吊顶空间大于800mm时应增加上喷，固定支架形式正确，应安装抗震支架；

（4）强弱电桥架安装位置满足排布要求，空间布置合理，预留放线施工空间，注意桥架跨接线的截面选择和安装方式及桥架首末端接地设置等；

（5）消防报警系统管线采用直埋方式，遇有确实不通的情况，可以采用金属管道加防火涂料的方式补充，采用明装线盒，与桥架对接的管道需要设置过渡线盒；

（6）大堂内设置取样管的，应在主管线和电缆敷设后再安排施工，确定取样点位，避免工序不合理导致的点位偏位、不满足要求。

3）工艺流程

施工准备→管道及支架预制加工→防排烟空调干支安装→强弱电桥架安装→消火栓喷淋支管安装→照明、弱电、消防报警管线安装固定→电缆电线敷设→管道试压，灌水等试验→隐蔽验收→装饰封板等待机电末端安装

4）精品要点

（1）收集结构偏差数据，做好现场结构信息收集，分析数据，对综合管线进行微调，确保管线安装偏差在可控范围内；

（2）施工放线应采用红外放线机器人设备，保证放线精度要求；

（3）综合支吊架根据结构偏差整体预制，一次性安装，专业管线需要增加的支架同步考虑；

（4）严格按照工序施工作业，避免因空间被占用导致返工；

（5）做好吊顶内管道管线穿越墙体的封堵工作。

3. 墙柱预留预埋

1）适用范围

适用于民用建筑大堂墙柱内机电管线预留预埋。

2）质量要求

（1）按设计要求采用预埋方式或明敷设方式；

（2）消防报警系统管线和应急照明等系统管线采用金属管道直埋，埋设深度不小于30mm，直埋管线应设置跨接线；

（3）当采用干挂石材墙面柱面时，沿墙柱敷设的管线可以在石材骨架施工前敷设，注意明敷管线的防火要求；

（4）墙柱面为混凝土结构时，消防报警系统、应急照明及疏散指示系统必须暗敷设；

（5）一般消火栓箱、排烟阀执行机构按钮、消防广播均为暗藏敷设；

（6）如果在混凝土结构上已经预埋，但因装饰面做法需要调整，要按要求加高或接长线盒。

3）工艺流程

施工准备→线管埋设→线管线盒固定→隐蔽验收→工程资料制作→工序移交

4）精品要点

（1）预埋前确定敷设方式，明确装饰面层做法，特别是墙柱面几何形状材料的排板需

要考虑施工方便、开口简单、居中布置等；

（2）线管敷设时按要求进行固定，接头做好保护，避免混凝土浇捣过程中产生偏位及堵塞；

（3）疏散指示的高度为建筑完成面以上 500mm；消防系统的高度留设在 1.3～1.5mm，同一个房间内的留设高度必须一致。

5）实例或示意图

实例或示意图见图 1.5-33、图 1.5-34。

图 1.5-33　管道吊模示意图

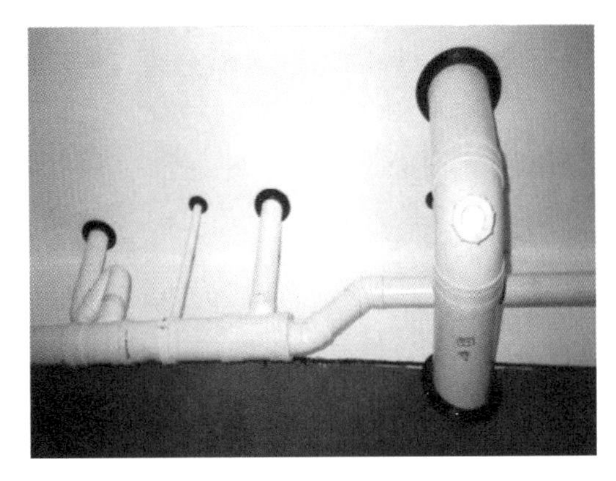

图 1.5-34　排水管穿墙板细部节点做法图

4. 地面管线直埋

1）适用范围

适用于民用建筑大堂地面管线直埋施工。

2）质量要求

（1）按设计要求的管材及预埋方式开展预埋工作，当地坪厚度足以埋设管道时，可在地面二次浇筑过程中埋设；

（2）埋设管线与墙面管线接驳的位置既要有弯曲半径的要求，又不能影响踢脚处的装修面层；

（3）智能应急照明等系统管线应采用金属管道直埋，埋设深度根据灯具的选型确定；

（4）弱电系统埋地管线应根据设备选型和配线要求确定数量，并留有余量，避免二次开槽；

（5）污废水管道穿越大堂时，需要埋设检修口。

3）工艺流程

施工准备→埋设线管→固定线管线盒→隐蔽验收→工程资料制作→工作面移交

4）精品要点

（1）预埋前确定敷设方式，明确装饰面层做法，特别是墙柱面几何形状材料的排板需要考虑施工方便，开口简单，居中布置等；

（2）线管敷设时按要求进行固定，接头做好保护，避免混凝土浇捣过程中产生偏位及堵塞；

（3）疏散指示的高度为建筑完成面以上 500mm；消防系统的高度留设在 1.3～

1.5mm，同一个房间内的留设高度必须一致；

（4）埋地管道走向和检修口位置需要考虑地面几何形状的材料布置位置，找正居中布置。

5. 机电末端及面板施工

1）适用范围

适用于民用建筑大堂机电末端安装。

2）质量要求

（1）根据顶棚排布，墙面和地面排板，定位安装机电末端；

（2）根据末端设备选型后的开口提资条件开设洞口，除烟感温感广播需要开孔外，其他均需机械开制洞口；

（3）一般设备提资尺寸为喉部尺寸，应小于面尺寸，装饰面开洞应该可以被面层覆盖；

（4）设备顶棚内布置时务必设置检修口；

（5）开关、插座的安装位置应便于操作，符合设计要求；

（6）开关、插座安装前，应先将接线盒内残留的水泥块、杂物剔除干净，再用抹布将盒内灰尘擦干净；

（7）在同一空间内的开关，需采用同一系列的产品，开关的通断位置应一致；

（8）相线必须进开关控制，面对单项三孔插座的左侧接零线，右侧接相线，上孔接接地线；

（9）单相插座安装完成后，需用插座检测仪对插座的接线及漏电开关动作进行全数检测；

（10）开关、插座最终完成后，面板应紧贴装饰面，安装牢固；

（11）机电末端综合布置安全应在符合设计要求及规范规定，并满足功能要求的前提下，其综合布置在材质、颜色、规格、样式、比例及安装位置 、距离、角度、排布形式等方面宜与装饰效果的风格、色彩、比例、材质、完整性等相协调。

3）工艺流程

设备选型→开口尺寸确认→顶棚布置图→机电末端开口→装修装饰面层施工→机电末端安装

4）精品要点

（1）提前安装机电末端所在的设备板，做好定位，安装喷淋末端；

（2）对防排烟空调系统风口开口后，需要对龙骨进行加固，下接短管配合末端提前安装；

（3）温感烟感仅限开制线孔；广播、应急照明灯具等需要开口接线；

（4）灯具安装需要考虑占用的吊顶空间要满足安装及散热要求；

（5）部分末端安装后，仍有后续装饰面层施工，必须采取成品保护措施，避免相互污染；

（6）吊顶安装前须完成烟感、喷淋、风口等元件的调整、定位；

（7）饰面板上的灯具等设备应位置合理、整齐美观，与饰面交接吻合、严密；

（8）开关的安装位置，距门边 150～200mm，距地高度为 1.3m，并且开关不得安装于单扇门背后；

（9）并列安装的开关高度需一致，并列开关之间高度误差不大于 1mm，同一室内安装的开关高度误差不大于 5mm；

（10）同一室内的插座安装高度误差不得大于 5mm，并列安装的插座之间的高度误差不得大于 1mm。

5）实例或示意图

实例或示意图见图 1.5-35、图 1.5-36。

图 1.5-35　机电末端排布图

图 1.5-36　开关、插座面板端正、高度一致

第2章

民用建筑——会议室、多功能厅

2.1 整体描述

（1）顶面主要采用金属、石膏板、矿棉板等材料，吊顶的机电末端排布须整齐有序美观，矿棉板厚度和尺寸适合，安装后无明显凹陷。

（2）墙面主要采用涂料、金属面板、格栅、隔断、屏风、玻璃、木饰面、瓷砖、石材、软包和硬包等材料装饰，墙面材料的选择应考虑光学、声学方面的要求。

（3）地面主要材料是瓷砖、石材、地毯、复合木地板、塑胶等，地毯铺设表面平整、洁净、接缝严密，无翘边现象。地毯和其他硬材质地面标高衔接自然，做到步行感受无高差。

（4）会议室、多功能厅一般由机电末端（包括会议系统中的远程会议系统、音响设备系统、大屏显示屏等小系统）、天花吊顶及相应的装饰内容组成。

（5）会议室、多功能厅涉及的机电内容有：顶面上的机电末端安装、墙面的机电末端安装，消火栓装饰门、疏散门安全出口指示标志，会议系统设施、舞台系统灯光及地面的疏散等。

（6）会议室、多功能厅顶面及大空间顶面机电末端必须经过顶棚的综合排布和顶面明露管线的综合布置，既满足功能要求，又兼具美观的特点。机电末端成排成线，管线布置合理。

（7）开关、插座安装位置合理、便于操作，并列的面板应排列整齐、高度一致。

（8）灯具、喷淋头、风口、温感烟感、网络设备、会议设备、舞台灯光等设施协调布置、美观整齐、满足功能要求。

（9）风口与风管连接紧密牢固，与装饰紧密贴合，表面平整、不变形，调节灵活、可靠；条形风口安装接缝处衔接自然，无明显缝隙。

（10）灯具重量大于 3kg 时，应固定在螺栓或预埋吊钩上，确保安全可靠，严禁固定于吊顶龙骨。舞台灯光灯具需要设置专门支吊架，满足舞台灯光布置要求。

2.2 规范要求

2.2.1 民用建筑会议室、多功能厅装饰装修施工主要相关规范标准

本条所列的是与混凝土结构施工相关的主要国家和行业标准，也是各项目施工中经常查

看的规范标准。地方标准由于各地要求不一致，未进行列举，但在各地施工时必须参考。

1.《建筑室内吊顶工程技术规程》CECS 255—2009

2.《建筑地面工程施工质量验收规范》GB 50209—2010

3.《建筑装饰装修工程质量验收标准》GB 50210—2018

4.《公共建筑吊顶工程技术规程》JGJ 345—2014

5.《建筑涂饰工程施工及验收规程》JGJ/T 29—2015

6.《建筑装饰装修工程成品保护技术标准》JGJ/T 427—2018

7.《室内装饰装修材料 人造板及其制品中甲醛释放限量》GB 18580—2017

8.《民用建筑工程室内环境污染控制标准》GB 50325—2020

9.《建筑内部装修设计防火规范》GB 50222—2017

10.《电气装置安装工程 电缆线路施工及验收标准》GB 50168—2018

11.《电气装置安装工程 接地装置施工及验收规范》GB 50169—2016

12.《建筑电气工程施工质量验收规范》GB 50303—2015

13.《消防应急照明和疏散指示系统技术标准》GB 51309—2018

14.《火灾自动报警系统施工及验收标准》GB 50166—2019

15.《智能建筑工程质量验收规范》GB 50339—2013

16.《建筑设计防火规范（2018 年版）》GB 50016—2014

17.《建筑防烟排烟系统技术标准》GB 51251—2017

18.《工业建筑供暖通风与空气调节设计规范》GB 50019—2015

19.《通风与空调工程施工质量验收规范》GB 50243—2016

20.《自动喷水灭火系统设计规范》GB 50084—2017

21.《自动喷水灭火系统施工及验收规范 》GB 50261—2017

22.《消防给水及消火栓系统技术规范》GB 50974—2014

23.《建筑给水排水及采暖工程施工质量验收规范》GB 50242—2002

24.《给水排水管道工程施工及验收规范》GB 50268—2008

25.《建筑排水塑料管道工程技术规程》CJJ/T 29—2010

2.2.2 主要规范强制性条文、规定

1.《建筑地面工程施工质量验收规范》GB 50209—2010

3.0.3 建筑地面工程采用的材料或产品应符合设计要求和国家现行有关标准的规定。无国家现行标准的，应具有省级住房和城乡建设行政主管部门的技术认可文件。材料或产品进场时还应符合下列规定：

1 应有质量合格证明文件；

2 应对型号、规格、外观等进行验收，对重要材料或产品应抽样进行复验。

3.0.5 厕浴间和有防滑要求的建筑地面应符合设计防滑要求。

2.《建筑装饰装修工程质量验收标准》GB 50210—2018

3.1.4 既有建筑装饰装修工程设计涉及主体和承重结构变动时，必须在施工前委

托原结构设计单位或者具有相应资质条件的设计单位提出设计方案，或由检测鉴定单位对建筑结构的安全性进行鉴定。

7.1.12 重型设备和有振动荷载的设备严禁安装在吊顶工程的龙骨上。

3.《公共建筑吊顶工程技术规程》JGJ 345—2014

4.1.7 吊杆、反支撑及钢结构转换层与主体钢结构的连接方式必须经主体钢结构设计单位审核批准后方可实施。

4.《室内装饰装修材料 人造板及其制品中甲醛释放限量》GB 18580—2017

4 要求

室内装饰装修材料人造板及其制品中甲醛释放限量值为 0.124mg/m^3，限量标识 E_1。

5.《民用建筑工程室内环境污染控制标准》GB 50325—2020

5.2.1 民用建筑工程采用的无机非金属建筑主体材料和建筑装饰装修材料进场时，施工单位应查验其放射性指标检测报告。

5.2.3 民用建筑室内装饰装修中所采用的人造木板及其制品进场时，施工单位应查验其游离甲醛释放量检测报告。

6.《建筑内部装修设计防火规范》GB 50222—2017

4.0.1 建筑内部装修不应擅自减少、改动、拆除、遮挡消防设施、疏散指示标志、安全出口、疏散出口、疏散走道和防火分区、防烟分区等。

4.0.2 建筑内部消火栓箱门不应被装饰物遮掩，消火栓箱门四周的装修材料颜色应与消火栓箱门的颜色有明显区别或在消火栓箱门表面设置发光标志。

4.0.3 疏散走道和安全出口的顶棚、墙面不应采用影响人员安全疏散的镜面反光材料。

4.0.4 地上建筑的水平疏散走道和安全出口的门厅，其顶棚应采用A级装修材料，其他部位应采用不低于 B_1 级的装修材料；地下民用建筑的疏散走道和安全出口的门厅，其顶棚、墙面和地面均应采用A级装修材料。

4.0.5 疏散楼梯间和前室的顶棚、墙面和地面均应采用A级装修材料。

4.0.6 建筑物内设有上下层相连通的中庭、走马廊、开敞楼梯、自动扶梯时，其连通部位的顶棚、墙面应采用A级装修材料，其他部位应采用不低于 B_1 级的装修材料。

4.0.14 展览性场所装修设计应符合下列规定：

1 展台材料应采用不低于 B_1 级的装修材料。

2 在展厅设置电加热设备的餐饮操作区内，与电加热设备贴邻的墙面、操作台均应采用A级装修材料。

3 展台与卤钨灯等高温照明灯具贴邻部位的材料应采用A级装修材料。

2.3 管理规定

（1）创建精品工程应以经济、适用、美观、节能环保及绿色施工为原则，做到策划先行，样板引路，过程控制，一次成优。

（2）质量策划、创优策划工作应全面、细致，从工程质量及使用功能等方面综合考虑，明确细部做法，统一质量标准，加强过程质量管控措施，达到一次成优。

（3）采用BIM模型、文字及现场样板交底相结合的方式进行全员交底，明确施工工序、质量要求及标准做法，以确保策划的有效落地。

（4）各专业所采用的材料、设备应有产品合格证书和性能检测报告，其品种、规格、性能等应符合国家现行产品标准和设计要求。

（5）全面考虑各单位施工内容及相互影响因素，合理安排工序穿插。

（6）加强过程质量的监督检查，确保各环节施工质量。同时，做好专业间工作面移交检查验收工作，重点关注隐蔽内容及成品保护措施。

（7）技术复核工作至关重要，是保证每个关键节点符合要求的关键过程。各施工阶段应及时对各工序涉及的重点点位进行复核、实测及纠偏，确保符合图纸及深化要求。

（8）各工种穿插施工时，应有效采取护、包、盖、封等成品保护措施。

（9）多功能厅等区域施工编制专项方案，包括高空作业方案、反应安全技术措施。高空作业脚手架、登高车等机械需验收合格后方可投入使用。

2.4　图纸深化设计

2.4.1　吊顶深化设计

1. 跌级

跌级的深化设计应根据设计院提供的效果图及标高，细化相应的区域，准确地表达不同高度之间的错层关系，保证设计效果，并根据相应的饰面材料，合理选择基层材料，保证施工的可行性和经济性。

2. 阴阳角深化设计

阴阳角的深化设计应首先考虑阴阳角的平直度，保证视觉上的美观舒适，阴阳角设计时可采用PVC角条或者成品收口条等保证阴阳角的平直度。

3. 金属吊顶排板深化设计

金属吊顶多为金属块料吊顶，深化设计时应考虑收边形式及尺寸，排板时不宜出现小于1/3板块及200mm的非整块，无法避免时应采用镶边、凹槽等方式调整消除；灯具、风口、喷淋、烟感等应对称、居中、成行成线布设；宜与地面材料的规格、排板上下呼应。

4. 反支撑/转换层设计

反支撑、转换层设计是根据装饰顶面内部的高度决定的，根据规范要求吊杆长度在1.5～2m内采用倒三角法；吊杆长度在1.5～3m内采用主龙骨拉结法或吊杆通长拉结法；当吊顶内部高度大于3m时应设置钢结构转换层。

2.4.2　吸声板排板深化设计

吸声板排板时应根据板块规格，遵循墙、顶、地对缝原则；排板时应避免出现小于1/3板块的非整块。

2.4.3 地面深化设计

块毯排布应居中对称，拼接应协调自然，与墙面块材对缝；整毯排布时，侧重花纹的排布，做到准确生动。

2.4.4 各专业综合排布设计

在图纸深化设计时，将会议使用的电子屏、投影设备布置于主墙面的居中位置。音响设备应以声学专业设计为依据，微调尺寸，合理布置在面材中心位置或拼缝位置，并应两两对称；灯具、风口、烟感、喷淋、开关等应居中对称，成行成线，分布均匀；弹线定位检修口位置，应与灯具、喷淋等成行成线；若采用格栅和方通吊顶，灯具、烟感、喷淋等宜与格栅面平齐，必要时应采用深色（灰、黑）涂料对吊顶以上墙、顶及管线进行喷涂处理。

2.5 关键节点工艺

2.5.1 顶面施工

金属吊顶、石膏板吊顶、矿棉板吊顶的基层安装要求，节点细节控制要求，吊顶饰面的施工要求，均应考虑安全、美观、耐久等因素。

1. 金属吊顶

1）适用范围

适用于民用中小型的建筑会议室、多功能厅类项目吊顶的施工。金属顶棚吊顶基层材料一般为铝板、钢板、镀锌板等，最普遍的是铝合金。其特点是色彩丰富鲜艳、颜色持久、抗氧化性好、质轻、不发霉、不变色、平整度高、无开裂问题、可拆卸更换等。

2）质量要求

（1）主控项目。

① 吊顶的标高、尺寸、起拱和造型应符合设计要求。

② 金属板的材质、品种、规格、图案及颜色应符合设计要求及国家标准的规定。

③ 吊杆、龙骨的材质、规格、安装间距及连接方式应符合设计及产品使用要求。金属吊杆应进行表面防锈处理。

④ 金属板与龙骨连接必须牢固可靠，不得松动变形。

⑤ 金属板条、块分格方式应符合设计要求，无设计要求时应对称美观；套割尺寸应准确，边缘整齐、不漏缝。条、块排列应顺直、方正。

（2）一般项目：

① 金属板的表面应洁净、美观、色泽一致，无翘曲、凹坑、划痕。

② 金属板安装质量应符合以下规定：起拱较为准确，表面平整；接缝、接口严密；条形板接口位置排列错开、有序，板缝顺直、无错台，宽窄一致；阴阳角方正。

③ 轻钢骨架金属罩面板顶棚的允许偏差及检验方法应符合规范要求。

3）工艺流程

吊顶内机电管线隐蔽验收完成→弹标高控制线→吊杆固定→主次龙骨安装→金属板安

装→细部接口处理→验收

4）精品要点

（1）饰面材料表面应洁净、色泽一致，不得有翘曲、裂缝及缺损。饰面板与明龙骨的搭接应平整、吻合，压条应平直、宽度一致。

（2）饰面板上的灯具、烟感器、喷淋头、风口等设备的位置应合理、美观，与饰面板的交接应吻合、严密。

（3）金属龙骨的接缝应平整、吻合、颜色一致，不得有划伤、擦伤等表面缺陷。木质龙骨应平整、顺直，无劈裂。

5）实例或示意图

实例或示意图见图 2.5-1。

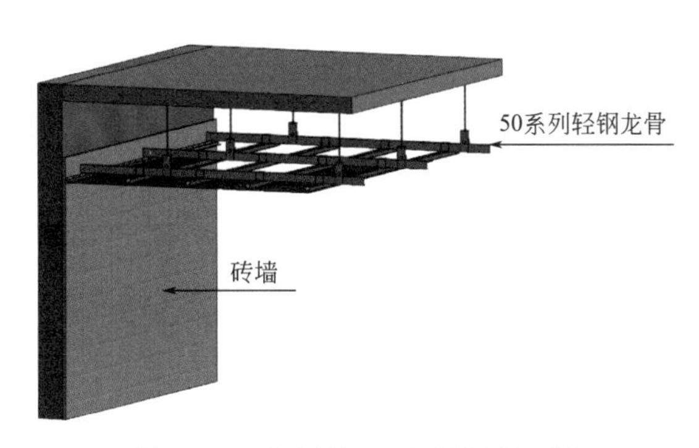

图 2.5-1 轻钢骨架金属罩面板顶棚

2. 石膏板吊顶

1）适用范围

适用于民用大中小建筑会议室、多功能厅类项目吊顶的施工。石膏板种类为防潮石膏板、耐火石膏板等，除设计要求与特殊环境要求采用厚度为 12mm 之外，其常规厚度一般为 9.5mm。特点：防火、平整好、耐用强、不宜变形、美观、能配合设计要求塑造吊顶造型。

2）质量要求

（1）主控项目。

① 吊顶的标高、尺寸、起拱和造型应符合设计要求。

② 饰面材料的材质品种、规格、图案和颜色应符合设计要求。当饰面材料为玻璃板时，应使用安全玻璃或采取可靠的安全措施。

③ 吊杆、龙骨的材质、规格、安装间距及连接方式应符合设计要求，金属吊杆、龙骨应进行表面防腐处理；木龙骨应进行防腐、防火处理。

④ 石膏板的接缝应按其施工工艺标准进行板缝防裂处理。安装双层施工板时，面层板与接缝应错开，并不得在同一根龙骨上接缝。

⑤ 暗龙骨吊顶工程的吊杆、龙骨和饰面材料的安装必须牢固。

（2）一般项目：

① 饰面板的表面应洁净、色泽一致，不得有翘曲、裂缝及缺损。

② 饰面板上的灯具、烟感器、喷淋头、进出风口等设备的位置应合理、美观。

③ 与饰面板的交接应吻合、严密。

④ 金属吊杆、龙骨的接缝应平整、吻合、颜色一致，不得有划伤、擦伤等表面缺陷。木质龙骨应平整、顺直，无劈裂、变形。

⑤ 吊顶内填充吸声材料的品种和铺设厚度应符合设计要求，并应有防散落措施。

⑥ 石膏板的接缝应按其施工工艺标准进行板缝防裂处理。安装双层施工板时，面层板与接缝应错开，并不得在同一根龙骨上接缝。

⑦ 暗龙骨吊顶工程的吊杆、龙骨和饰面材料的安装必须牢固。

3）工艺流程

弹顶棚标高水平线→画龙骨分档线→安装吊杆、主龙骨（安装边龙骨）→安装次龙骨、石膏板→石膏填缝→点防锈漆→涂料→饰面清理→分项、检验批验收

4）精品要点

（1）各类罩面板，吊顶用的木龙骨、轻钢龙骨、铝合金龙骨及其配件应符合有关现行国家标准、行业标准的规定。

（2）吊顶的固定方法及标高控制应符合要求。主龙骨、次龙骨的间距、起拱、标高应符合要求。

（3）吊杆应通直，并有足够的承载能力。

（4）吊顶施工过程中，土建、电气、设备等安装作业应密切配合，特别是预留孔洞。

（5）吊灯等处的加固应稳定处理。

（6）顶棚与墙面的接缝处理应符合要求，并应交圈一致。

（7）罩面板与墙面、窗帘盒、灯具等交接处应严密，不得漏缝。

（8）吊顶内管道或管线的固定应牢固，局部应加强处理。

（9）面层材料表面应洁净、色泽一致，不得有翘曲、裂缝及缺损。

（10）饰面上的灯具、烟感器、喷淋头、进出风口和检修口等设备设施的位置应合理、美观，与面板的交接应吻合、严密。

5）实例或示意图

示意图见图 2.5-2。

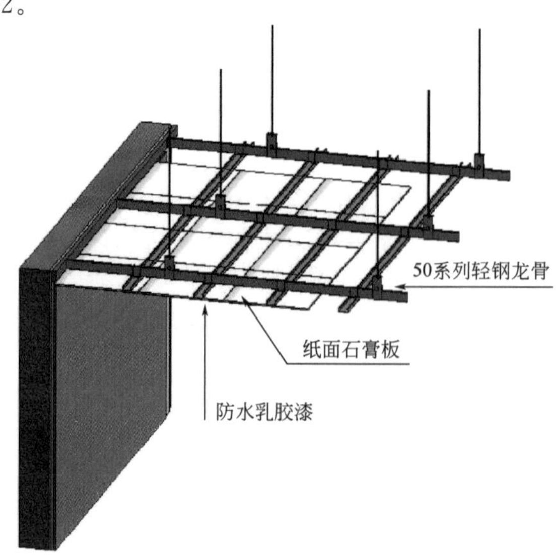

图 2.5-2　吊顶示意图

3. 矿棉板吊顶

1）适用范围

适用于民用中小型的建筑会议室、中小型的多功能厅类项目吊顶的施工。材料种类为：硅酸钙板、矿棉板等。常规尺寸为600mm×600mm，厚度为10mm、15mm、20mm。特点：质量轻、吸声性能好、安装简单方便、便于检修、防火。

2）质量要求

（1）主控项目。

① 吊顶标高、尺寸、起拱和造型应符合设计要求。

② 矿棉板的材质、规格、品种、图案应符合设计要求。

③ 吊杆、主、次龙骨的安装牢固。

④ 吊杆、龙骨的规格、安装间距及连接方式符合设计要求。

（2）一般项目。

① 罩面板表面洁净、色泽一致，没有翘曲、裂缝及缺损。

② 饰面板上的灯具、烟感器、喷淋头、风口箅子等设备的位置合理、美观。

3）工艺流程

测量放线→固定吊杆→安装主龙骨（安装边龙骨）→安装次龙骨→隐蔽验收→安装矿棉板→验收

4）精品要点

（1）施工时应严格检查各吊点的紧挂程度，并拉线检查标高与平整度是否符合设计和施工规范要求。

（2）施工准备前应按照相应的图册和规范确定方案，保证有利于构造要求。

（3）固定在结构上的吊筋要拧紧螺钉，并控制好标高；顶棚内的管线、设备等不得固定在吊杆或龙骨骨架上。

（4）施工时应注意板块的规格，拉线找正，安装固定时保证平正对直。

（5）施工时拉线控制，固定牢固。

（6）面层材料表面应洁净、色泽一致，不得有翘曲、裂缝及缺损。面板与龙骨的搭接应平整、吻合，压条应平直、宽窄一致。

（7）面板上的灯具、烟感器、喷淋头、风口等设备设施的位置应合理、美观，与面板的交接应吻合、严密。

（8）吊顶内填充吸声材料的品种和铺设厚度应符合设计要求，并应有防散落措施。

5）实例或示意图

示意图见图2.5-3。

2.5.2 墙柱面施工

1. 涂料

1）适用范围

适用于室内石膏板墙面、结构柱面。

2）质量要求

（1）涂料施工完后，墙面应该平整、整洁，无起泡、无裂缝等明显问题。

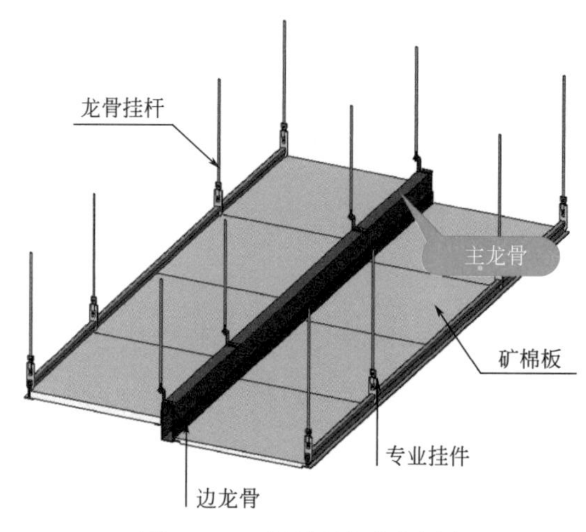

图 2.5-3 矿棉板吊顶示意图

（2）用手电筒顺着墙面进行光照，光线应顺滑无遮挡。

3）工艺流程

放线→防潮处理→龙骨安装→基层板安装→木饰面安装→木饰面修补

放线→木饰面下单→木饰面加工→木饰面安装→木饰面修补

4）精品要点

（1）涂料施工前，基层应干燥，含水率应控制在规范要求内。

（2）高档进口涂料一般为浓缩型，在施工前需要进行稀释处理。

（3）滚涂顺序一般是从上到下，从左到右，先远后近，先边角、棱角、小面后大面，一面墙面要一气呵成，避免接搓、重叠的现象。

（4）每一遍施工一般需干燥 6h 以上，才能进行下道磨光工序，磨光用砂纸打磨时，用力要均匀，并不得磨穿涂层，磨后应先将表面清扫干净，再进行下一遍涂料。

图 2.5-4 乳胶漆饰面

（5）喷涂时应控制喷机与被喷面的距离一致与垂直性。

（6）必须待前遍涂料干透后，再刷下一遍涂料。

（7）水溶性涂料应严格按规定加水。

5）实例或示意图

实例图见图 2.5-4。

2. 金属面板

1）适用范围

适用在室内墙、柱面。

2）质量要求

（1）金属饰面板表面无划痕、麻点、凹坑、翘曲、褶皱，无波形折光，金属饰面板应平整、洁净、色泽一致。

（2）金属饰面板嵌缝应密实、平直，宽度和深度应符合设计要求，嵌缝材料应色泽一致。

（3）板材的品种、规格、颜色以及防火、防腐处理应符合设计要求。

（4）金属饰面板孔、槽的数量、位置和尺寸应符合设计要求。

3）工艺流程

放线→埋件安装→骨架安装→骨架防腐处理→保温、吸声层安装→金属饰面板安装→金属饰面板打胶、清理

放线→饰面下单→饰面板加工→金属饰面板安装→金属饰面板打胶、清理

4）精品要点

（1）在安装骨架连接件时，应做到定位准确、固定牢固，避免因骨架安装不平直、固定不牢固引起板面不平整、接缝不平齐等问题。

（2）嵌缝前板缝应清理干净，并保持干燥，板缝较深时应填充发泡材料棒（条），然后注胶，防止因板缝不洁净造成嵌缝胶开裂。

（3）嵌注耐候密封胶时，注胶应连续、均匀、饱满，注胶完成后，应使用工具将胶表面刮平、刮光滑。避免出现胶缝不平直、不光滑、不密实的现象。

（4）金属饰面板排板分格布置时，应按照深化设计的规格尺寸并与现场实际尺寸相符合，兼顾设备、面板的位置，避免出现阴阳板、分格不均等现象。

5）实例或示意图

实例图见图 2.5-5。

图 2.5-5 金属饰面板

3. 格栅、隔断、屏风

1）适用范围

适用在会议室背景墙。

2）质量要求

（1）格栅表面无划痕，格栅整体结构牢固，柱边光滑。

（2）格栅的品种、规格、颜色以及防火、防腐处理应符合设计要求。

3）工艺流程

放线→埋件安装→骨架安装→骨架防腐处理→格栅安装→清理

放线→格栅下单→格栅加工→格栅安装→清理

4）精品要点

（1）在安装骨架连接件时，应做到定位准确、固定牢固。

（2）格栅、隔断、屏风在安装时，缝隙需要做打胶处理，尽量做到胶缝均匀，避免出现胶缝不平直、不光滑、不密实等影响美观的现象。

4. 背漆玻璃、墙镜

1）适用范围

适用在室内背景墙面。

2）质量要求

（1）玻璃的品种、规格、颜色、加工尺寸、表面处理及物理性能必须符合设计要求及国家规范。

（2）玻璃基层必须做到平整、牢固，玻璃与基层之间的连接必须牢固。

3）工艺流程

测量、放线→基层清理→基层板安装→隐蔽验收→烤漆玻璃安装→墙面清洗

测量、放线→烤漆玻璃下单→烤漆玻璃加工→烤漆玻璃安装→墙面清洗

4）精品要点

（1）烤漆玻璃的加工采用玻璃厂家直接加工的方式，根据现场排板尺寸编制玻璃加工单，玻璃厂家根据加工单加工玻璃。加工前要求现场复尺。

（2）墙面烤漆玻璃镶挂完毕后，墙面及现场应及时清理干净并做好成品保护。

5）实例或示意图

实例图见图 2.5-6。

图 2.5-6 烤漆玻璃背景

5. 木饰面

1）适用范围

适用在室内墙、柱面。

2）质量要求

（1）胶合板、贴脸板等材料的品种、材质等级、含水率和防腐措施，必须符合设计要

求和施工及验收规范的规定。

（2）木饰面与基层的连接必须牢固，无松动。

（3）木饰面的品种、规格、颜色、加工尺寸、表面处理必须符合设计要求。

3）工艺流程

放线→防潮处理→龙骨安装→基层板安装→木饰面安装→木饰面修补

放线→木饰面下单→木饰面加工→木饰面安装→木饰面修补

4）精品要点

（1）在放线阶段考虑到木饰面的收口细节，应提前做好收口处理，深化图纸与现场复核尺寸。

（2）基层龙骨安装应保证结构牢固，基层板安装应保证基层面平面平整，板与板直接接缝平齐，螺钉无凸起，相邻板的板边一定要厚薄均匀、一致，以免产生接缝高差。板面大的饰面，基层板宜错缝安装，避免产生通缝而形成集中伸缩应力。

（3）木饰面安装时应做到同一批次的木饰面同阶段安装完成，安装时用万能胶粘接，必要时应使用木榫轻轻锤击使其安装牢固，木饰面安装完成后，墙面及现场应及时清理干净并做好成品保护。

5）实例或示意图

示意图见图 2.5-7。

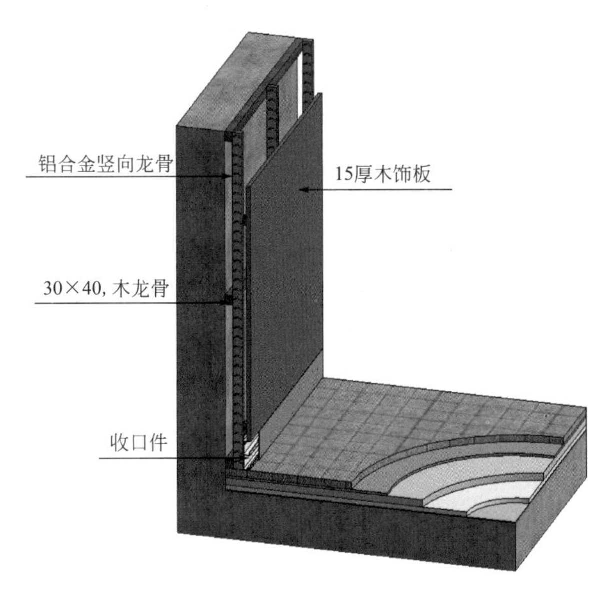

图 2.5-7 木饰面节点示意图

6. 瓷砖/石材

1）适用范围

适用在室内墙、柱面。

2）质量要求

（1）饰面砖/石材表面平整、洁净、色泽一致，无空鼓、裂痕和缺损；表面平整度允许偏差 3mm，接缝直线度允许偏差 2mm，接缝高低差允许偏差 0.5mm。

（2）饰面砖/石材的品种、规格、颜色和性能应符合设计要求。

（3）饰面砖/石材的排板、分隔应符合设计要求。

3）工艺流程

放线→基层处理、摸底子灰→排砖弹线→选砖浸砖→镶贴墙砖→擦缝→清理

放线→基层处理、摸底子灰→排砖弹线→瓷砖下单→瓷砖加工→镶贴墙砖→擦缝→清理

4）精品要点

（1）墙砖/石材在下单前应按照下单图纸对现场进行尺寸复核，如有尺寸偏差及时调整。

（2）墙面砖/石材在镶贴时由下往上分层粘贴，先粘墙面砖，再粘阴角及阳角，然后粘压顶，最后粘底座阴角。

（3）饰面砖镶贴前应预排。预排要注意同一墙面的横竖排列，均不得有一行以上的非整砖。

（4）墙面墙砖用白色水泥砂浆擦缝，用布将缝内的素浆擦匀，石材用云石胶补缝，整体打磨抛光。

5）实例或示意图

示意图见图 2.5-8、图 2.5-9。

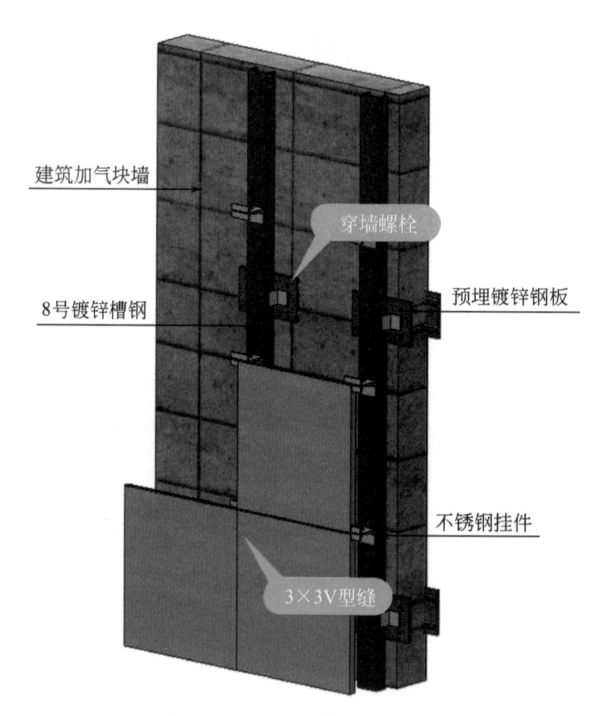

图 2.5-8　石材饰面示意图

7. 软包、硬包

1）适用范围

适用在室内墙、柱面。

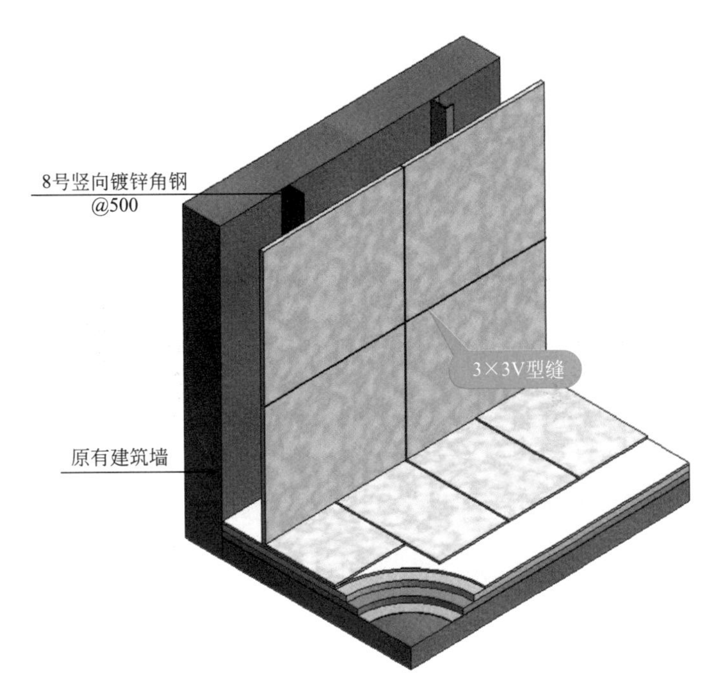

图 2.5-9 瓷砖饰面示意图

2）质量要求

（1）胶合板、贴脸板等材料的品种、材质等级、含水率和防腐措施，必须符合设计要求和施工及验收规范的规定。

（2）软硬包与基层的连接必须牢固，无松动。

（3）软、硬包的品种、规格、颜色、纹理、加工尺寸，必须符合设计要求。

3）工艺流程

放线、弹线→防潮处理→基层龙骨安装→基层板安装→软包、硬包安装→成品保护

放线、弹线→布料选样→布料下单→软包、硬包加工→软包、硬包安装→成品保护

4）精品要点

（1）在放线阶段考虑到软、硬包的宽幅尺寸，提前做好排板，深化图纸与现场复核尺寸。

（2）基层龙骨安装应保证结构牢固，基层板安装应保证基层面平面平整，板与板直接接缝平齐，螺钉无凸起，相邻板的板边一定要厚薄均匀、一致，以免产生接缝高差。板面大的饰面，基层板宜错缝安装，避免产生通缝而形成集中伸缩应力。

（3）软、硬包安装时用万能胶粘接，用手按压使其安装牢固，安装完成后墙面及现场应及时清理干净并做好成品保护。

（4）软、硬包板常规倒角 3mm 比较美观，不建议直角边直接包裹布料，布料后面用码钉固定，且码钉排布应均匀整齐。

5）实例或示意图

实例图见图 2.5-10。

图 2.5-10　硬包墙面

2.5.3　地面施工

1. 瓷砖地面

1）适用范围

适用于地面为瓷砖饰面的民用建筑会议室、多功能厅。

2）质量要求

（1）面层所用地砖、水泥、砂、颜料的品种、规格、颜色、质量，必须符合设计要求和有关标准的规定。

（2）面层与基层必须结合牢固，无空鼓。

（3）面层表面平整、洁净、图案清晰，色泽一致，拼接均匀，周边顺直，无裂纹、掉角、缺棱、脱落、缺粒等现象。

（4）地漏和面层坡度应符合设计要求，不倒泛水，无积水，与地漏（管道）结合处应严密牢固，无渗漏。

（5）踢脚线表面洁净，接缝平整均匀，高度一致，结合牢固，出墙厚度适宜，基本一致。

（6）与各种面层邻接处的镶边用料及尺寸，符合设计要求和施工规范的规定；边角整齐、光滑。

3）工艺流程

检验预拌水泥砂浆、石材质量→石材试拼、编号→石材浸润→石材镶贴→拨缝、调整→养护→填缝、清理→打磨抛光→检查验收

检验预拌水泥砂浆、石材质量→基层处理→定位放线→石材镶贴→拨缝、调整→养护→填缝、清理→打磨抛光→检查验收

4）精品要点

（1）应根据实际测量尺寸，按照对称、居中、对缝的原则进行排板，无小于 1/2 窄条砖，非整砖应排在阴角处或不明显处。

（2）饰面砖应色泽一致、无色差，砖缝宽窄一致、交圈，接缝平整。

(3) 地面基层处理时，必须将残留的尘土油渍等清洗干净，在清理好的基层上应均匀涂刷水泥砂浆。

(4) 地面砖面线高度应与地面标高线吻合，铺贴大面以铺好的标准高度面为标基进行施工，铺贴时用拉出的对缝平直线来控制瓷砖对缝的平直。

(5) 填缝要求清晰顺直、平整光滑、深浅一致，缝应低于砖面 0.5～1mm。

(6) 加强成品保护措施，地砖养护期间严禁上人踩踏。

5) 实例或示意图

实例图见图 2.5-11。

图 2.5-11 瓷砖铺贴效果图

2. 石材地面

1) 适用范围

适用于地面为石材饰面的民用建筑会议室、多功能厅。

2) 质量要求

粘贴牢固、接缝平整顺直、无色差、踢脚线出墙厚度一致，相邻高差不大于 2mm。石材的表面应洁净、平整、无磨痕，且应图案清晰，镶嵌正确。板块应无裂纹、掉角、缺棱等缺陷。

3) 工艺流程

检验预拌水泥砂浆、石材质量→石材试拼、编号→石材浸润→石材镶贴→拨缝、调整→养护→填缝、清理→打磨抛光→检查验收

检验预拌水泥砂浆、石材质量→基层处理→定位放线→石材镶贴→拨缝、调整→养护→填缝、清理→打磨抛光→检查验收

4) 精品要点

根据现场实际尺寸进行石材大板试排板，确定石材最终铺贴样式。铺贴时应先选色或对花编号后再铺贴，同区域应颜色一致，无色差，如地面有拼花，宜采用水刀切割。块材边在十字缝及转角处时，应 45°割角拼缝，拼缝时应注意与踢脚线完成面的位置关系。块料交接应采用完成面正投影面切割法，用确定各块料可视面实际尺寸来反推材料下单分割尺寸。铺贴前，石材六面均应涂刷不少于 2 遍的防水背涂，有效减少反碱泛白、锈斑污

染、水渍湿痕等污染破坏。

浅色石材铺贴应采用白水泥或浅色胶粘剂粘贴，石材背面需用背胶处理，防止反碱。

5）实例或示意图

示意图见图 2.5-12。

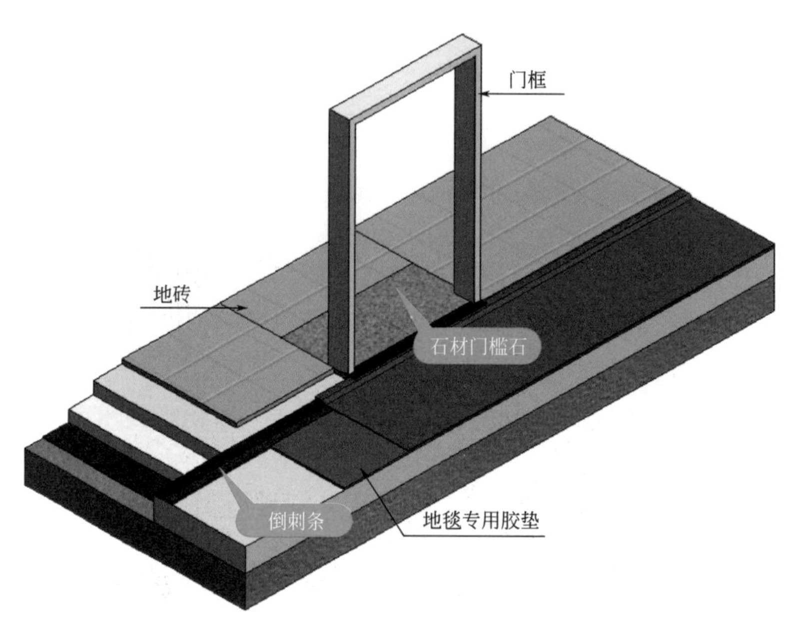

图 2.5-12 石材地面示意图

3. 地毯

1）适用范围

适用于地面为石材饰面的民用建筑会议室、多功能厅。

2）质量要求

地毯铺装后表面平整、洁净，无松弛起鼓、褶皱、翘边现象；接缝要牢固、严实、无离缝，无明显接槎，无倒绒颜色、光泽一样，无错花、错格现象；门口及其他收口地方要收口顺直、严密，踢脚板下塞边严密、封口平整。如铺装出现质量缺陷要返工重铺。

3）工艺流程

基层处理→防潮垫铺垫→地毯铺贴→压条

4）精品要点

新浇筑的混凝土要达到一定强度且干燥以后方可在上面铺设地毯，基层平整度应达到水泥砂浆面层要求，干燥、洁净、无杂物。水泥地面不能有空鼓或宽度大于 1mm 的裂缝及凹坑，如有上述缺陷，必须提前用修补水泥修补。地面不能有隆起的脊或包。如发现有隆起，应提前剔除或打磨平整。地面必须清洁、无尘、无油垢、无油漆或蜡，若有油垢宜用丙酮或松节油擦净。

防潮垫应满铺且接缝粘结严密，衬垫厚度不小于 2mm，宜由厂家按照房间实际尺寸或走廊宽度整块加工。现场裁割铺贴时，沿房间长方向整块裁割，尽量少留接缝。踢脚线安装时离地高度为地毯厚度的 1/2，地毯应用力压入塞紧。

5）实例或示意图

示意图见图 2.5-13。

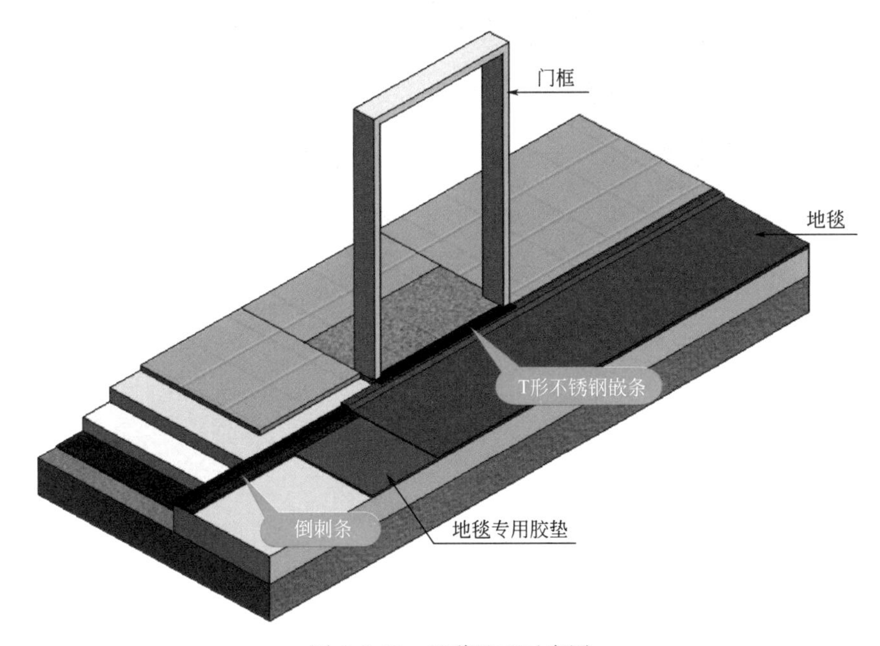

图 2.5-13 地毯地面示意图

4. 复合木地板

1）适用范围

适用于地面为石材饰面的民用建筑会议室、多功能厅。

2）质量要求

木质板面层平整度应符合要求，踩踏无响声、与过门石接缝无高低差，板块色泽一致、板面无翘曲。

木质板面层、拼花木板面层接缝严密、表面洁净，板块排列合理美观，镶边宽度周边一致。

木地板打蜡：烫硬蜡擦软蜡洒布均匀，不花不露底，光滑明亮，色泽一致，厚薄均匀，木纹清晰，表面洁净。

3）工艺流程

基层处理→防潮垫铺垫→复合木地板铺贴→收口及踢脚线固定

4）精品要点

（1）宜采用水泥自流平做法控制基层平整度。

（2）地面保持干燥洁净、无杂物，地板防潮膜应纸胶带纸粘合，以杜绝水分侵入，在有地热区域铺贴地板时，基层不应铺设防潮膜，并选用地热专用地板。

5）实例或示意图

示意图见图 2.5-14。

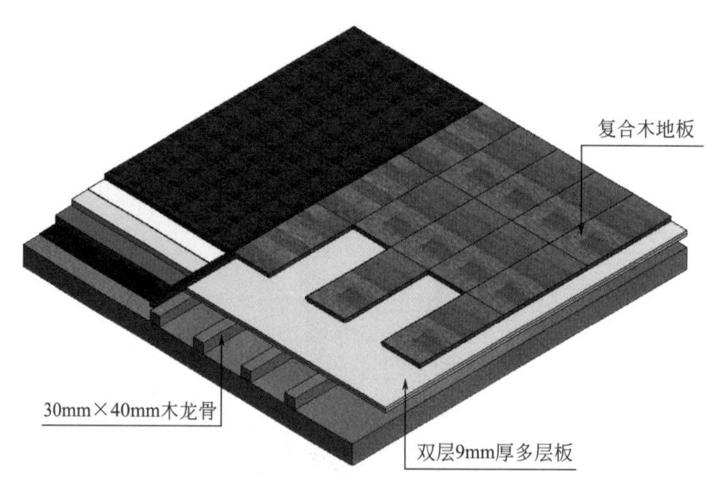

图 2.5-14 复合木地板地面示意图

5. 塑胶地面

1）适用范围

适用于地面为塑胶地面的民用建筑会议室、多功能厅。

2）质量要求

面层与基层的粘结应牢固，不翘边、不脱胶、无溢胶。

塑料板面层应表面洁净，图案清晰，色泽一致，接缝严密、美观，拼缝处的图案、花纹吻合，无胶痕；与墙边交接严密，阴阳角收边方正。

3）工艺流程

基层处理→连接幅施工→胶粘剂涂布→连接处处理→接缝部连接

4）精品要点

（1）基层要求

使用 CCM 水分测试仪检测含水率应小于 3%；使用硬度刻画器检查硬度，交叉处不应有爆裂：用 2m 直尺检验，空隙不应大于 2mm；水泥类基层表面应平整、坚硬、干燥、密实、洁净、无油脂及其他杂质，不得有麻面、起砂、裂缝、手摸有粗糙感等缺陷。

（2）基层与塑料地板块背面应同时涂胶，两块材料的 30mm 搭接处应采用重叠切割，踢脚与地面连接处制作成内圆角，踢脚与地面整体铺贴。遗留在地板上的胶粘剂，要用乙醇清除，禁止使用丙酮类溶剂。

2.5.4 收边收口施工

1. 吊顶与墙面收口

1）适用范围

适用于民用建筑会议室、多功能厅的精装修施工。常见情况是涂料装饰墙面与顶面的交接、石材墙面与顶面的交接、金属面板墙面与顶面的交接、木饰面与顶面的交接等。

2）质量要求

吊顶与墙面衔接处收口顺直、自然，转角方正，造型平滑，无翘曲、开裂、变形等现象。

3）工艺流程

墙面施工→设置工艺槽→顶面施工

墙面施工→设置倒角→顶面施工

墙面施工→吊顶设置凹槽→顶面施工

（1）设置工艺槽：即在墙面石材或木饰面上口与吊顶板面交接处设置裁口，墙面完成后与顶面间即形成工艺槽，该工艺槽的存在实际上是将交接面往后推进，使装饰完成后交接口产生的缺陷被“隐藏”在工艺槽内。

（2）设置倒角：以墙面石材为例，一般在墙面最顶部一块石材的上口正面以45°倒角，然后石材直接顶到吊顶，完成后石材面与吊顶面间自然形成边缝，同时有效避免石材爆边、交接口开裂等缺陷。

（3）留空设置：对高度较高（一般6m以上）、施工面积较大的墙面，在其顶端与吊顶间留出20mm左右的间隙，用来隐藏交接面缺陷。

（4）吊顶设置凹槽：吊顶周边设置迭级或凹槽，墙面材料直接置顶（若墙面材料为石材，顶端石材正面以2mm×2mm的45°倒角）。

（5）以涂料装饰墙面为例，与石膏板吊顶交接处，应采用阴角条处理，保证色泽一致，收口顺直，防止开裂；与矿棉板吊顶交接处，应采用分隔条处理并留有宽度为1cm的凹槽。

4）精品要点

（1）若墙面是石材、木饰面等相同类型的装饰材料，石膏板等吊顶面板应先行安装且乳胶漆腻子基层必须处理到位。

（2）石膏板等面板应安装平整（起拱弧度符合规范要求），牢固无松动。

（3）安装矿棉板或安装边龙骨前，墙面必须先刮腻子找平，否则造成墙面与吊顶的阴角不易处理。

（4）墙面与吊顶的材料应平整顺直，不得有裂缝、缺损。

（5）墙面基层与面层材料的固定位置，要与顶面收口位置留有合适的距离。

（6）墙顶均为乳胶漆等同种材料时，阴角处应留置工艺缝收口，避免阴角不顺直，墙面大小头等情况。

5）实例或示意图

示意图见图2.5-15。

2. 地面与墙面收口

1）适用范围

适用于民用建筑会议室、多功能厅的精装修施工。常见情况是墙面瓷砖与地面瓷砖交接、塑胶地面与墙面交接、踢脚等。

2）质量要求

地面与墙面衔接处收口顺直、自然，转角方正，造型平滑，无翘曲、开裂、变形等现象。

3）工艺流程

地面施工→墙面施工→踢脚线安装

地面施工→墙面施工→阴角处理

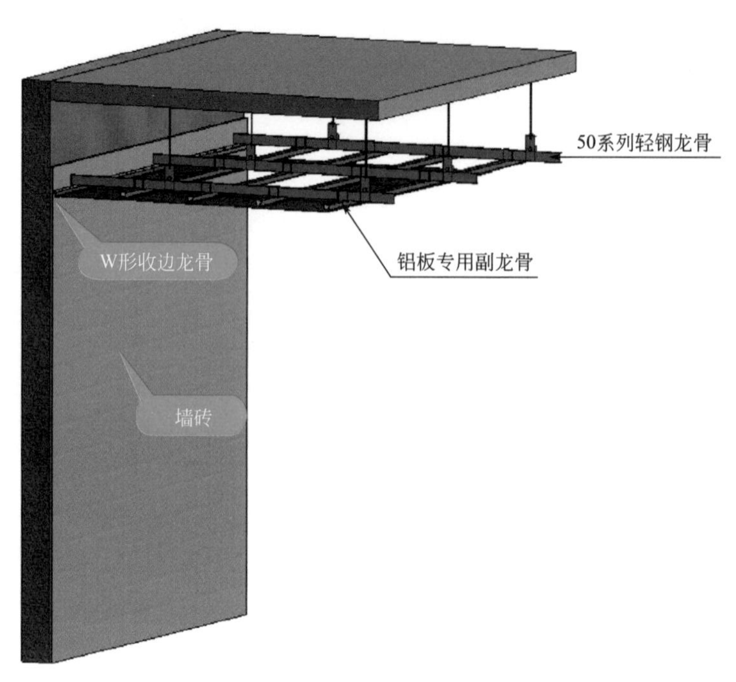

图 2.5-15　吊顶与墙面接口节点示意图

(1) 塑胶地面：以 PVC 地面为例，地面与墙面的阴角处，通常做上翻处理形成踢脚，阴角做成圆角，上翻顶端以金属压条固定收边；踢脚的转角处，可做成直角或圆角，接缝须顺直、焊接严密。

(2) 墙面砖与地面砖的收口：墙面砖安装时，在所有的墙地砖交接处，先预留底下墙砖不装，地砖与最底下墙砖同时安装，保证墙面砖收口压于地面砖。

地砖与墙砖间的缝隙应与墙砖大面缝隙均匀一致，嵌缝必须采用专用填缝剂，要求填缝饱满，缝凹 0.5mm，并保持表面光滑。

(3) 踢脚线：室内装修中，墙面与地面之间留有小部分空间难以收口，可以利用踢脚线遮住缺陷，以此作为一种收口方式。其施工工艺如下：

① 弹出踢脚标高线，高低差不得大于 2mm。如高出应剔除后补平，如内凹用 903 胶或夹板先垫平。

② 必须保证固定卡板安装牢固、平整、垂直，再安橡胶垫，橡胶垫厚度不宜过厚或过薄，以免安不上面板或安上后松动，固定卡板和踢脚线内外接头应错开，保证面层踢脚板接头平整、顺直，接缝严密无缝隙。

③ 踢脚线面层下口应严密无缝隙。而 80mm 高基层板安装时应与地面保持 10mm 空隙(若铺地毯，需留出地毯厚度，以便地毯塞入)。

4) 精品要点

(1) 图纸深化阶段必须现场复尺，施工前做好图纸深化与交底工作。

(2) 提前放线，控制好尺寸误差，施工过程中要边施工边检查，以便及时调整。

(3) 进场材料的质量应符合国家行业相关强制性标准、规范和法规的规定。

(4) 施工过程中不得随意拆动、碰撞，做好材料及成品保护。

5）实例或示意图

示意图见图 2.5-16。

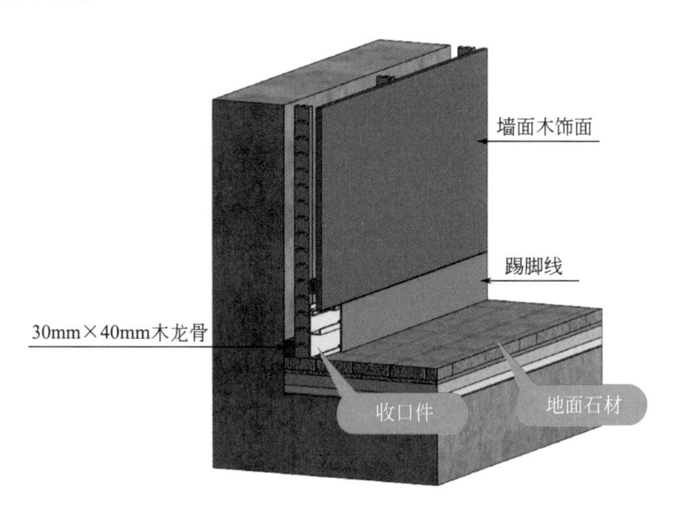

图 2.5-16　地面与墙面收口示意图

3. 同一面层材料的衔接

1）适用范围

适用于民用建筑会议室、多功能厅的精装修施工。常见情况为不同材料或不同颜色之间的衔接。

2）质量要求

衔接处收口顺直、自然，转角方正，造型平滑，无翘曲、开裂、变形等现象。

3）工艺流程

面层施工→设置工艺缝→清理

面层施工→设置阳角护角条→打胶

面层施工→设置不锈钢嵌条→打胶

4）精品要点

（1）同种面层材料在交接施工时，为了保证交接收口处平整，通常采用自然工艺缝，工艺缝设置要做到自然、均匀。

（2）同种面层材料在交接施工时，为了保证美观效果也可采用不锈钢嵌条，常见于木饰面与木饰面收口、硬包与硬包收口等。

2.5.5　阴阳角细部处理

1. 适用范围

适用于民用建筑会议室、多功能厅的精装修施工。

2. 质量要求

阴阳角收口顺直、自然，转角方正，造型平滑，无翘曲、开裂、变形等现象。

3. 工艺流程

墙面施工→阳角处理→设置护角条

墙面施工→阴角处理→打胶

4. 精品要点

（1）阴阳角刷涂料：做墙漆阴阳角一定要平直。为确保平直，做阴角时，一定要弹线，弹线时目测找出墙体最凸出的地方，按住这两点弹出一条黑线，再用 1.5～2m 的角铝模型照弹出的线条刮直；阳角保持平直，一般在刮时用 2m 长的铝合金靠在一起，另外一边用刮子刮。为保证阴阳角耐用，可采用护角条和网格布，保证阴阳角的顺直，防止开裂。

（2）阴阳角贴壁纸：在贴壁纸时，墙体阴阳角最易出现问题。阳角处贴时，用刮板小心把壁纸贴在墙壁上，并跨凸墙角，用手在凸墙角自上而下地捋直褶皱，然后用美工刀沿着垂直线将墙纸切开，加上胶水贴好，并用压轮压平即可。阴角处贴时，从最后一幅壁纸的中心向凹墙上弄平整，用刮板上下刮动使外延部分粘住墙壁，把刮板上的胶水擦干净，并盖贴好壁纸。

（3）阴阳角石材或瓷砖安装：在安装石材或瓷砖时，墙体阴阳角处理是最难的。比较常见的办法是利用瓷砖或石材本身来拼接。

① 方法是将瓷砖或石材边用切割机或手工倒 45°角，倒边时稍微多留一些，碰出来的角比较圆润。

② 单侧覆盖另一侧，覆盖拼接法同样要将被覆盖板的侧边打磨平整，同时盖板底边也需打磨大于 3cm 的一条边。

③ 转角加装饰线条法，转角加装饰线条是在拼接位置增加装饰线条，该方法是比较易于施工的做法，一定程度上还增加了转角的强度。

5. 实例或示意图

实例或示意图见图 2.5-17。

图 2.5-17　阳角收口

2.5.6 机电图纸深化设计

民用建筑会议室、多功能厅机电图纸的深化设计是在现有建筑施工图、结构施工图不变的基础上对原有机电设计图纸进行补充和完善的二次设计。该深化设计是对局部管道、配件或设备进行合理化、科学化的排布更改。

深化设计必须以现场情况为基础，以原有施工图和标准规范为导向，作出有针对性的方案组，经比较分析后确定，然后详细、准确地反映在深化图纸上，民用建筑会议室、多功能厅的机电深化主要有以下几个原则。

1. 优化空间排布

优化过程必须考虑规范要求的间距、施工过程中的工艺空间要求以及日后维护检修的方便。

2. 综合支架布置

在符合规范要求的前提下，尽量把可设置同种支架类型的管道并排放在一起，尽可能减少支架的数量，增加空间利用率，多考虑综合、联合支架排布。

3. 管线避让原则

管道在进行排布时，基本原则是：小管让大管，支管让主管，非重力流管线让重力流管线，可弯曲管让不可弯曲管，技术要求低的管线让技术要求高的管线（例如需保温管道）；桥架在进行排布时，小桥架让大桥架，弱电桥架让强电桥架，敷设电缆要求低的桥架让敷设电缆要求高的桥架。在进行各专业管道综合排布时，整体上风管标高位置确定后基本保持不变，其他专业进行避让；各专业间，桥架与DN≥100mm的水管相碰时，桥架避让，桥架与DN＜100mm的水管相碰时，水管避让。

4. 末端点位配合

会议室、多功能厅的末端点位以灯具、风口、烟感、喷淋、智能化设备等为主，在进行机电图纸深化设计时必须综合考虑装修、吊顶、造型等情况，将灯具、喷头、风口等的点位布置，做到成排成线。

5. 会议系统深化

会议系统是一个综合、复杂、多功能的技术系统，是显示系统、扩声系统、中控系统、综合布线系统、投屏系统等多个子系统有机组合而成的。

6. 在进行会议系统的深化设计时应兼顾实用性和舒适性

（1）会议室灯光应避免采取自然光照明，监视器、投影仪周边照度不应高于80lx，顶棚板上宜设置适当的筒灯，使亮度更为均匀；

（2）会议室的扬声器布置应尽可能均匀，避免发生声音回传；

（3）会议室内网络线和电话线布置要尽可能考虑使用时终端设备的布置位置，各类控制线应尽量使用穿线槽、线管方式敷设。

7. 各专业综合排布设计

针对灯具、风口、烟感、喷淋、开关等末端点位的排布要点。在图纸深化设计时，充分考虑机电末端的安装空间及装饰面板面的开口要求，在满足功能的前提下布置机电末端位置，成排成线或居中设置等。根据照明灯具的选型，充分考虑灯具本身占用的空间，向装饰设计确定开口尺寸及安装方式。广播、烟温感、喷头、风口、会议系统设备等均应根据产品形式确定开口信息。当遇到吸声墙面等需要特殊处理的情况，机电末端的线管和线盒要提前考虑装饰做法，不得出现半明半暗、边界不清的情况。

2.5.7 吊顶内管线施工

1. 适用范围

适用于民用建筑会议室、多功能厅吊顶及裸顶内机电管线安装。

2. 质量要求

（1）空间布置合理，管线有序排列，工序符合要求，留有检修空间，不出现影响吊顶标高的情况；顶面明装管线布置合理，各专业间的布置间距符合要求，在满足功能的前提下，布置考究；

（2）排烟管道与排烟口接口不影响管道有效截面，排烟防火阀按要求设置，独立直接，管道设置抗震支架，吊顶内排烟风管与可燃物之间的距离大于150mm，且镀锌铁皮风管需要按规范要求设置绝热保温，排烟阀执行机构按规范要求安装到位，并与装饰面层配合良好；明装排烟管线需满足耐火极限要求；

（3）消防喷淋主管有效绕行，吊顶空间大于800mm时增加上喷，固定支架形式应正确，安装抗震支架；明装管线需要按要求设置色标或色环；

（4）强弱电桥架安装位置满足排布要求，空间布置合理，预留放线施工空间，注意桥架跨接线的截面选择和安装方式，桥架首末端接地设置等；注意竖向桥架的支撑位置，使桥架及线缆的重量有效支撑；

（5）消防报警系统管线采用直埋方式，遇有确实不通的情况可以采用金属管道加防火涂料的方式补充，采用明装线盒，与桥架对接的管道需要设置过渡线盒；

（6）大空间多功能厅如有设置取样管的，应在主管线和电缆敷设后安排施工，确定取样点位，避免工序不合理导致的点位偏位，不满足要求；

（7）会议系统的末端布置应满足设计要求，安装屏幕及暗藏设备时，应合理安排工序，设备支架应有效承载设备重量，杜绝出现与其他专业共用的情况；

（8）机电末端遇到吸声等特殊装饰处理的情况时，按照深化设计要求，配合做好底盒的施工，留有墙面做法的余量，面板覆盖在完成面上；明装的配电箱背部也不得陷于装饰面层，提前做好支架预制，预留空间。

3. 工艺流程

施工准备→管道及支架预制加工→防排烟空调干支安装→强弱电桥架安装→支消火栓喷淋支管安装→照明、弱电、消防报警管线安装固定→电缆电线敷设→管道试压，灌水等试验→隐蔽验收→装饰封板等待机电末端安装（无吊顶时同步安装机电末端）

4. 精品要点

（1）收集结构偏差数据，做好现场结构信息收集，分析数据，对综合管线进行微调，确保管线安装偏差在可控范围内；

（2）施工放线应采用红外放线机器人设备，保证放线精度要求；

（3）综合支吊架根据结构偏差整体预制，一次性安装，专业管线需要增加的支架同步考虑；

（4）严格按照工序施工作业，避免因空间被占用导致返工；

（5）做好吊顶内管道管线穿越墙体的封堵工作；

（6）明装管线应符合排布要求，有效杜绝未按工序施工的施工作业；

2.5.8 墙柱预留预埋

1. 适用范围

适用于民用建筑会议室、多功能厅墙柱内机电管线预留预埋。

2. 质量要求

（1）按设计要求采用预埋方式或明敷设方式；

（2）消防报警系统管线和应急照明等系统管线应采用金属管道直埋，埋设深度不小于30mm，直埋管线设置跨接线；

（3）当采用干挂石材墙面柱面时，沿墙柱敷设的管线可以在石材骨架施工前敷设，注意明敷管线的防火要求；

（4）墙柱面为混凝土结构时，消防报警系统、应急照明及疏散指示系统必须暗敷设；

（5）一般消火栓箱、排烟阀执行机构按钮、消防广播均为暗藏敷设；

（6）如在混凝土结构上已经预埋，但因装饰面的做法调整，需要按要求加高或接长线盒。

3. 工艺流程

施工准备→线管埋设→线管线盒固定→隐蔽验收→工程资料制作→工序移交

4. 精品要点

（1）预埋前确定敷设方式，明确装饰面层做法，特别是墙柱面几何形状材料的排板需要考虑施工方便，开口简单，居中布置等；

（2）线管敷设时按要求进行固定，接头做好保护，避免混凝土浇捣过程中产生偏位及堵塞；

（3）疏散指示的高度为建筑完成面以上500mm；消防系统的高度应留设在1.3～1.5mm，同一个房间内的留设高度必须一致。

2.5.9　地面管线直埋

1. 适用范围

适用于民用建筑会议室、多功能厅地面管线直埋施工。

2. 质量要求

（1）按设计要求的管材及预埋方式开展预埋工作，当地坪厚度足以埋设管道时，可在地面二次浇筑过程中埋设；

（2）埋设管线与墙面管线接驳的位置既要有弯曲半径的要求，又不能影响踢脚处的装修面层；

（3）智能应急照明等系统管线应采用金属管道直埋，埋设深度根据灯具选型确认；

（4）弱电系统埋地管线应根据设备选型和配线要求确定数量，并留有余量，避免二次开槽；

（5）污废水管道穿越大堂时，需要埋设检修口。

3. 工艺流程

施工准备→线管埋设→线管线盒固定→隐蔽验收→工程资料制作→工作面移交

4. 精品要点

（1）预埋前确定敷设方式，明确装饰面层做法，特别是墙柱面几何形状材料的排板需要考虑施工方便，开口简单，居中布置等；

（2）线管敷设时按要求进行固定，接头做好保护，避免混凝土浇捣过程中产生偏位及堵塞；

（3）疏散指示的高度为建筑完成面以上 500mm；消防系统的高度应留设在 1.3～1.5mm，同一个房间内的留设高度必须一致；

（4）埋地管道走向和检修口位置需要考虑地面几何形状的材料布置位置，找正居中布置。

第3章

剧院剧场——剧场结构

3.1 一般规定

3.1.1 剧场结构形式一般采用框架-剪力墙结构，舞台底部设置台仓，由于台仓深度较深，一般多为深基坑；舞台上方设置钢结构栅顶层作为剧场主舞台上部安装悬吊设备的专用工作层。

3.2 规范要求

3.2.1 剧场结构施工主要相关规范标准

本条所列的是与剧场结构施工相关的主要国家和行业标准，也是各项目施工中经常查看的规范标准。地方标准由于各地要求不一致，未进行列举，但在各地施工时必须参考。

1.《建筑工程施工质量验收统一标准》GB 50300—2013

2.《混凝土质量控制标准》GB 50164—2011

3.《混凝土结构工程施工质量验收规范》GB 50204—2015

4.《混凝土结构工程施工规范》GB 50666—2011

5.《混凝土结构设计规范（2015 年版）》GB 50010—2010

6. 住房和城乡建设部办公厅关于实施《危急性较大的分部分项工程安全治理规定》有关问题的通知建办质〔2021〕31 号

7.《建筑地基基础工程施工质量验收标准》GB 50202—2018

8.《建筑深基坑工程施工安全技术规范》JGJ 311—2013

9.《钢结构工程施工质量验收标准》GB 50205—2020

10.《钢结构焊接规范》GB 50661—2011

11.《钢结构防火涂料》GB 14907—2018

12.《钢结构高强度螺栓连接技术规程》JGJ 82—2011

13.《钢结构工程施工规范》GB 50755—2012

14.《剧场建筑设计规范》JGJ 57—2016

3.2.2 主要规范强制性条文、规定

1.《混凝土结构工程施工规范》GB 50666—2011

4.1.2 模板及支架应根据施工过程中的各种工况进行设计，应具有足够的承载力和刚度，并应保证其整体稳固性。

4.4.7 采用扣件式钢管作模板支架时，支架搭设应符合下列规定：

1 模板支架搭设所采用的钢管、扣件规格，应符合设计要求；立杆纵距、立杆横距、支架步距以及构造要求，应符合专项施工方案的要求。

2 立杆纵距、立杆横距不应大于1.5m，支架步距不应大于2.0m；立杆纵向和横向宜设置扫地杆，纵向扫地杆距立杆底部不宜大于200mm，横向扫地杆宜设置在纵向扫地杆的下方；立杆底部宜设置底座或垫板。

3 立杆接长除顶层步距可采用搭接外，其余各层步距接头应采用对接扣件连接，两个相邻立杆的接头不应设置在同一步距内。

4 立杆步距的上下两端应设置双向水平杆，水平杆与立杆的交错点应采用扣件连接，双向水平杆与立杆的连接扣件之间的距离不应大于150mm。

5 支架周边应连续设置竖向剪刀撑。支架长度或宽度大于6m时，应设置中部纵向或横向的竖向剪刀撑，剪刀撑的间距和单幅剪刀撑的宽度均不宜大于8m，剪刀撑与水平杆的夹角宜为45°～60°；支架高度大于3倍步距时，支架顶部宜设置一道水平剪刀撑，剪刀撑应延伸至周边。

6 立杆、水平杆、剪刀撑的搭接长度，不应小于0.8m，且不应少于2个扣件连接，扣件盖板边缘至杆端不应小于100mm。

7 扣件螺栓的拧紧力矩不应小于40N·m，且不应大于65N·m。

8 支架立杆搭设的垂直偏差不宜大于1/200。

4.4.8 采用扣件式钢管作高大模板支架时，支架搭设除应符合本规范第4.4.7条的规定外，尚应符合下列规定：

1 宜在支架立杆顶端插入可调托座，可调托座螺杆外径不应小于36mm，螺杆插入钢管的长度不应小于150mm，螺杆伸出钢管的长度不应大于300mm，可调托座伸出顶层水平杆的悬臂长度不应大于500mm；

2 立杆纵距、横距不应大于1.2m，支架步距不应大于1.8m；

3 立杆顶层步距内采用搭接时，搭接长度不应小于1m，且不应少于3个扣件连接；

4 立杆纵向和横向应设置扫地杆，纵向扫地杆距立杆底部不宜大于200mm；

5 宜设置中部纵向或横向的竖向剪刀撑，剪刀撑的间距不宜大于5m；沿支架高度方向搭设的水平剪刀撑的间距不宜大于6m；

6 立杆的搭设垂直偏差不宜大于1/200，且不宜大于100mm；

7 应根据周边结构的情况，采取有效的连接措施加强支架整体稳固性。

2.《建筑深基坑工程施工安全技术规范》JGJ 311—2013

3.0.3 基坑工程设计施工图必须按有关规定通过专家评审，基坑工程施工组织设

计必须按有关规定通过专家论证；对施工安全等级为一级的基坑工程，应进行基坑安全监测方案的专家评审。

3.0.5　在支护结构未达到设计强度前进行基坑开挖时，严禁在设计预计的滑（破）裂面范围内堆载；临时土石方的堆放应进行包括自身稳定性、邻近建筑物地基承载力、变形、稳定性和基坑稳定性验算。

3. 建办质［2021］31号-住房城乡建设部办公厅关于实施《危急性较大的分部分项工程安全治理规定》有关问题的通知

当基坑工程及支撑体系超过下列规模时，施工单位应当在分部分项工程施工前编制专项方案：

（1）开挖深度超过3m（含3m）的基坑（槽）的土方开挖、支护、降水工程。

（2）开挖深度虽未超过3m，但地质条件、周围环境和地下管线复杂，或影响毗邻建、构筑物安全的基坑（槽）的土方开挖、支护、降水工程。

当基坑工程及支撑体系超过下列规模时应组织召开专家论证会：

开挖深度超过5m（含5m）的基坑（槽）的土方开挖、支护、降水工程。

4. 《钢结构工程施工规范》GB 50755—2012

11.2.4　钢结构吊装作业必须在起重设备的额定起重量范围内进行。

11.2.6　用于吊装的钢丝绳、吊装带、卸扣、吊钩等吊具应经检查合格，并应在其额定许用荷载范围内使用。

5. 《剧场建筑设计规范》JGJ 57—2016

6.1.11　剧场宜设台仓，且台仓的面积、层高、层数等应根据使用功能确定，并应符合下列规定：

1　台仓通往舞台和后台的门、楼梯应顺畅，并均不得少于2个，应设明显的疏散标志和照明。

2　台仓里为机械舞台而设的基坑、平台、通道和检修空间，应设置固定的工作梯和坚固连续的栏杆。

6.8.4　作用在台仓侧壁、底板结构上的荷载应根据舞台工艺设计的要求取值。

6.8.7　舞台上部栅顶或工作桥架结构平面的均布活荷载不应小于2.0kN/m^2，其下悬荷载应按舞台工艺设计提供的实际荷载取值。栅顶或桥架结构应与主体结构可靠连接。

3.3　管理规定

（1）创建精品工程应以经济、适用、美观、节能环保及绿色施工为原则，做到策划先行，样板引路，过程控制，一次成优。

（2）质量策划、创优策划工作应全面、细致，从工程质量及使用功能等方面综合考虑，明确细部做法，统一质量标准，加强过程质量管控措施，达到一次成优。

（3）采用BIM模型、文字及现场样板交底相结合的方式进行全员交底，明确施工工序、质量要求及标准做法，以确保策划的有效落地。

（4）各专业所采用的材料、设备应具有产品合格证书和性能检测报告，其品种、规格、性能等应符合国家现行产品标准和设计要求。

（5）全面考虑各单位施工内容及相互影响因素，合理安排工序穿插。

（6）加强过程质量的监督检查，确保各环节的施工质量。同时，做好专业间工作面移交检查验收工作，重点关注隐蔽内容及成品保护措施。

（7）技术复核工作至关重要，是保证每个关键节点符合要求的关键过程。各施工阶段应及时对各工序涉及的重点点位进行复核、实测及纠偏，确保符合图纸及深化要求。

（8）各工种穿插施工时，有效采取护、包、盖、封等成品保护措施。

3.4 深化设计

钢结构工程深化设计必须依据原设计图纸进行，设计深度应符合招标文件要求。完成深化设计后，除经建筑设计院确定外，还应征得舞台工艺设计单位和舞台机械施工单位的确认，否则可能出现舞台区域的马道、钢结构栅顶、屋面钢结构桁架平面位置不满足舞台工艺的使用要求，造成返工，影响工期。

3.5 关键节点工艺

3.5.1 台仓结构

1. 适用范围

适用于剧院舞台台仓施工。

2. 质量要求

（1）台仓基坑应稳定、无变形，在台仓结构施工期间内，基坑监测数据应满足设计及方案要求。

（2）台仓底板应密实无裂缝，防水无渗漏。

3. 工艺流程

定位放线→基坑降水→分层支护→分层开挖→垫层施工→防水及保护层→底板施工→地上结构施工

4. 精品要点

1）基坑监测

边坡及周围建构筑物沉降观测，边坡裂缝、变形观测，台仓支撑体系内力观测，是保证基坑稳定、施工安全和质量的必要手段。当出现观测数据发生异常、边坡裂缝扩展等险情时，必须督促施工单位第一时间启动应急预案，如有必要，通知施工企业安全和质量部门技术人员、事先约定的专家顾问、设计、勘探单位技术负责人等到现场确定技术处理方案。基坑监测主要包括以下要点：

（1）检查、复核监测基准点与工程基准点的标高是否一致；检查监测基准点、工程基准点、监测点是否按照监测方案布置；同时确定工程基准点、监测基准点、工作基点、监测点位的保护措施是否合理、有效。

（2）同步跟踪并记录监测点的原始数据；按照监测方案明确的监测频率跟踪监测单位现场监测，每次监测时都应跟踪查看监测仪器并记录监测数据，用于核对监测日报、报告的真实性。

（3）在支护结构施工、基坑开挖期间以及支护结构使用期内，督促基坑监测单位对支护结构和周边环境的状况进行巡查并出具检查情况报告。

2）台仓底板

（1）台仓底板一般厚度较大，底板钢筋设计的配筋率和钢筋规格较大，施工中应符合设计及规范要求，上下钢筋网片的支撑要督促施工单位严格按照施工方案施工；同时严格控制底板上舞台机械的预埋件安装，既要满足埋件的定位精度，也不能影响钢筋间距。

（2）台仓转角处，由于温度和收缩的作用特别容易产生应力集中而导致墙体开裂，为防止此类裂缝产生的最好措施便是在转角处增加适量的抗裂钢筋，以此来承受集中应力，避免裂缝。

（3）底板和墙的交接处严禁留设施工缝，如必须要留，则一定要留设在墙身距底板500mm左右处，而且最好呈凸槎。

3）台仓防水

（1）台仓防水混凝土的抗渗等级必须符合设计要求（建议抗渗等级不低于P8），施工要求连续不间断，不能留施工缝，包括垫层均需一次连续浇筑完成。

（2）台仓底板防水工程施工期间，地下水位应降至防水工程底部最低标高下不小于500mm，直至防水工程全部完成为止。

（3）施工缝处理是台仓防水施工质量的关键工作之一，施工缝处理必须严格按照设计要求施工，如埋设止水带，止水带应埋入先后浇筑的混凝土各一半。

5. 实例或示意图

实例或示意图见图3.5-1、图3.5-2。

图3.5-1 仓台结构

图3.5-2 仓台剖面

3.5.2 栅顶层钢结构

1. 适用范围

适用于剧院舞台栅顶层施工。

2. 质量要求

（1）预埋件安装应避免出现漏埋、位置不正确（如结构梁侧面埋件前后位置颠倒、标高错误）、位置不准确（如结构梁侧面埋件安装不牢固、混凝土浇筑后埋件位置偏离）等问题。

（2）钢结构安装尺寸、平整精准度控制，特别是安装灯杆、幕杆滑轮的钢结构应按方格网来进行控制，防止安装完成后尺寸偏差过大，无法安装灯杆、景杆滑轮。

3. 工艺流程

定位放线→结构预埋→钢结构吊装→防火及防腐涂料涂刷→格栅板或桁架楼承板施工→防火及防腐涂料涂刷→设备安装

4. 精品要点

（1）栅顶的构造应便于设备检修和人员通行，狭长形格栅缝隙不宜大于 30mm，方孔形格栅缝隙不宜大于 50mm。

（2）栅顶地面标高至各种滑轮梁的净高不宜小于 1.80m，应使站在栅顶的工作人员便于安装、检修舞台悬吊设备。

（3）宜在台口两侧设置通往栅顶的通道，且楼梯不得少于 2 个，有条件的宜设工作电梯，电梯可由台面通往台仓、天桥、栅顶等各工作层。

（4）栅顶层钢结构的施工应尽量做到地面拼装、单元吊装，减少高空焊接，以保证焊接质量，加快施工进度。

5. 实例或示意图

实例或示意图见图 3.5-3、图 3.5-4。

图 3.5-3　栅顶层钢结构

图 3.5-4　栅顶层剖面图

第4章 剧院剧场——剧场装饰装修

4.1 一般规定

（1）根据舞台和观众之间的关系可分为镜框式舞台、开放式舞台和可变式舞台。

（2）舞台装饰要综合考虑智能化系统，装饰要与舞台灯光、音响、舞台机械等配套。

（3）舞台装饰应整体排布合理、规划整齐、协调美观。

（4）舞台装饰中的地面一般采用深色专用木地板，木地板的施工质量是装饰的管控重点。

（5）舞台装饰墙面常用各类暗色穿孔吸声板，为满足吸声及规范要求，一般内填玻璃丝绵，外包玻璃丝布。

（6）舞台装饰与各专业交叉较多，对工序的衔接及各专业定位要求较高。

4.2 规范要求

4.2.1 剧场舞台装饰施工主要相关规范标准

本条所列的是与装饰装修施工相关的主要国家和行业标准，也是各项目施工中经常查看的规范标准：

1.《建筑工程施工质量验收统一标准》GB 50300—2013

2.《建筑装饰装修工程质量验收标准》GB 50210—2018

3.《建筑地面工程施工质量验收规范》GB 50209—2010

4.《公共建筑吊顶工程技术规程》JGJ 345—2014

5.《剧场建筑设计规范》JGJ 57—2016

6.《建筑内部装修设计防火规范》GB 50222—2017

7.《民用建筑工程室内环境污染控制标准》GB 50325—2020

8.《建筑材料放射性核素限量》GB 6566—2010

9.《混凝土外加剂中释放氨的限量》GB 18588—2001

10.《建筑结构荷载规范》GB 50009—2012

11.《地下工程防水技术规范》GB 50108—2008

4.2.2 主要规范强制性条文、规定

1.《建筑工程施工质量验收统一标准》GB 50300—2013

5.0.8 经返修或加固处理仍不能满足安全或重要使用要求的分部工程及单位工程，严禁验收。

6.0.6 建设单位收到工程竣工报告后，应由建设单位项目负责人组织监理、施工、设计、勘察等单位项目负责人进行单位工程验收。

2.《建筑装饰装修工程质量验收标准》GB 50210—2018

3.1.4 既有建筑装饰装修工程设计涉及主体和承重结构变动时，必须在施工前委托原结构设计单位或者具有相应资质条件的设计单位提出设计方案，或由检测鉴定单位对建筑结构的安全性进行鉴定。

6.1.11 建筑外门窗安装必须牢固。在砌体上安装门窗严禁采用射钉固定。

6.1.12 推拉门窗扇必须牢固，必须安装防脱落装置。

7.1.12 重型设备和有振动荷载的设备严禁安装在吊顶工程的龙骨上。

11.1.12 幕墙与主体结构连接的各种预埋件，其数量、规格、位置和防腐处理必须符合设计要求。

3.《建筑地面工程施工质量验收规范》GB 50209—2010

3.0.3 建筑地面工程采用的材料或产品应符合设计要求和国家现行有关标准的规定。无国家现行标准的，应具有省级住房和城乡建设行政主管部门的技术认可文件。材料或产品进场时还应符合下列规定：

1 应有质量合格证明文件；

2 应对型号、规格、外观等进行验收，对重要材料或产品应抽样进行复验。

3.0.5 厕浴间和有防滑要求的建筑地面应符合设计防滑要求。

3.0.18 厕浴间、厨房和有排水（或其他液体）要求的建筑地面面层与相连接各类面层的标高差应符合设计要求。

4.9.3 有防水要求的建筑地面工程，铺设前必须对立管、套管和地漏与楼板节点之间进行密封处理，并应进行隐蔽验收；排水坡度应符合设计要求。

4.10.11 厕浴间和有防水要求的建筑地面必须设置防水隔离层。楼层结构必须采用现浇混凝土或整块预制混凝土板，混凝土强度等级不应小于C20；房间的楼板四周除门洞外应做混凝土翻边，高度不应小于200mm，宽同墙厚，混凝土强度等级不应小于C20。施工时结构层标高和预留孔洞位置应准确，严禁乱凿洞。

4.10.13 防水隔离层严禁渗漏，排水的坡向应正确、排水通畅。

5.7.4 不发火（防爆）面层中碎石的不发火性必须合格；砂应质地坚硬、表面粗糙，其粒径应为0.15mm～5mm，含泥量不应大于3%，有机物含量不应大于0.5%；水泥应采用硅酸盐水泥、普通硅酸盐水泥；面层分格的嵌条应采用不发生火花的材料配制。配制时应随时检查，不得混入金属或其他易发生火花的杂质。

4.《公共建筑吊顶工程技术规程》JGJ 345—2014

4.1.7 吊杆、反支撑及钢结构转换层与主体钢结构的连接方式必须经主体钢结构设计单位审核批准后方可实施。

4.1.8 重型设备和有振动荷载的设备严禁安装在吊顶工程的龙骨上。

5.《剧场建筑设计规范》JGJ 57—2016

5.3.1 观众厅内走道的布局应与观众席片区容量相适应，并应与安全出口联系顺畅，宽度应满足安全疏散的要求。

5.3.5 观众厅纵走道铺设的地面材料燃烧性能等级不应低于B1级材料，且应固定牢固，并应做防滑处理。坡度大于1∶8时应做成高度不大于0.20m的台阶。

5.3.8 观众厅应采取措施保证人身安全，楼座前排栏杆和楼层包厢栏杆不应遮挡视线，高度不应大于0.85m，下部实体部分不得低于0.45m。

6.8.2 作用在主舞台、侧舞台、后舞台及台唇台面上的荷载取值，应符合下列规定：

1 对于舞台面上设置的固定设施，其荷载取值应根据其实际重量取值。

2 台面均布活荷载取值不应小于5.0kN/m^2。

3 当台面上有车载转台等移动设施时，等效均布活荷载取值应根据其实际重量按现行国家标准《建筑结构荷载规范》GB 50009进行计算，且不应小于5.0kN/m^2。

4 各种机械舞台台面上作用的均布活荷载取值应根据舞台工艺设计的要求确定，且静止时其值不应小于5.0kN/m^2，升降时不应小于2.5kN/m^2。

6.8.6 剧场栏杆顶部的水平荷载与竖向荷载应分别取值，且水平荷载取值不应小于1.0kN/m，竖向荷载取值不应小于1.2kN/m。

6.8.8 天桥的均布活荷载取值应根据实际荷载取值，且安装吊杆卷扬机或放置平衡重天桥的均布活荷载取值不应小于4.0kN/m^2，其他天桥的均布活荷载不应小于2.0kN/m^2。天桥的均布活荷载的作用方向应为正反两向。

8.1.1 大型、特大型剧场舞台台口应设防火幕。

8.1.4 舞台区通向舞台区外各处的洞口均应设甲级防火门或设置防火分隔水幕，运景洞口应采用特级防火卷帘或防火幕。

8.1.5 舞台与后台的隔墙及舞台下部台仓的周围墙体的耐火极限不应低于2.5h。

8.1.7 当高、低压配电室与主舞台、侧舞台、后舞台相连时，必须设置面积不小于6m^{2}的前室，高、低压配电室应设甲级防火门。

8.1.9 观众厅吊顶内的吸声、隔热、保温材料应采用不燃材料。

8.1.13 舞台内严禁设置燃气设备。当后台使用燃气设备时，应采用耐火极限不低于3.0h的隔墙和甲级防火门分隔，且不应靠近服装室、道具间。

8.1.14 当剧场建筑与其他建筑合建或毗连时，应形成独立的防火分区，并应采用防火墙隔开，且防火墙不得开窗洞；当设门时，应采用甲级防火门。防火分区上下楼板耐火极限不应低于1.5h。

8.2.2 观众厅的出口门、疏散外门及后台疏散门应符合下列规定：

1 应设双扇门，净宽不应小于1.40m，并应向疏散方向开启。

2 靠门处不应设门槛和踏步，踏步应设置在距门1.40m以外。

3 不应采用推拉门、卷帘门、吊门、转门、折叠门、铁栅门。

4 应采用自动门闩，门洞上方应设疏散指示标志。

8.4.1 主舞台上部的屋顶或侧墙上应设置排烟设施。

10.3.13 剧场的观众厅、台仓、排练厅、疏散楼梯间、防烟楼梯间及前室、疏散通道、消防电梯间及前室、合用前室等，应设应急疏散照明和疏散指示标志，并应符合下列规定：

1 除应设置疏散走道照明外，还应在各安全出口处和疏散走道，分别设置安全出口标志和疏散走道指示标志。

2 应急照明和疏散指示标志连续供电时间不应小于30min。

6.《建筑内部装修设计防火规范》GB 50222—2017

4.0.1 建筑内部装修不应擅自减少、改动、拆除、遮挡消防设施、疏散指示标志、安全出口、疏散出口、疏散走道和防火分区、防烟分区等。

4.0.2 建筑内部消火栓箱门不应被装饰物遮掩，消火栓箱门四周的装修材料颜色应与消火栓箱门的颜色有明显区别或在消火栓箱门表面设置发光标志。

4.0.3 疏散走道和安全出口的顶棚、墙面不应采用影响人员安全疏散的镜面反光材料。

4.0.4 地上建筑的水平疏散走道和安全出口的门厅，其顶棚应采用A级装修材料，其他部位应采用不低于B_1级的装修材料；地下民用建筑的疏散走道和安全出口的门厅，其顶棚、墙面和地面均应采用A级装修材料。

4.0.5 疏散楼梯间和前室的顶棚、墙面和地面均应采用A级装修材料。

4.0.6 建筑物内设有上下层相连通的中庭、走马廊、开敞楼梯、自动扶梯时，其连通部位的顶棚、墙面应采用A级装修材料，其他部位应采用不低于B_1级的装修材料。

4.0.9 消防水泵房、机械加压送风排烟机房、固定灭火系统钢瓶间、配电室、变压器室、发电机房、储油间、通风和空调机房等，其内部所有装修均应采用A级装修材料。

4.0.10 消防控制室等重要房间，其顶棚和墙面应采用A级装修材料，地面及其他装修应采用不低于B_1级的装修材料。

4.0.11 建筑物内的厨房，其顶棚、墙面、地面均应采用A级装修材料。

4.0.13 民用建筑内的库房或贮藏间，其内部所有装修除应符合相应场所规定外，且应采用不低于B_1级的装修材料。

7.《民用建筑工程室内环境污染控制标准》GB 50325—2020

3.1.1 民用建筑工程所使用的砂、石、砖、实心砌块、水泥、混凝土、混凝土预制构件等无机非金属建筑主体材料，其放射性限量应符合现行国家标准《建筑材料放射性核素限量》GB 6566的规定。

3.1.2 民用建筑工程所使用的石材、建筑卫生陶瓷、石膏制品、无机粉粘结材料等无机非金属装饰装修材料，其放射性限量应分类符合现行国家标准《建筑材料放射性核素限量》GB 6566 的规定。

3.6.1 民用建筑工程中所使用的混凝土外加剂，氨的释放量不应大于0.10%，氨释放量测定方法应符合现行国家标准《混凝土外加剂中释放氨的限量》GB 18588 的有关规定。

4.1.1 新建、扩建的民用建筑工程，设计前应对建筑工程所在城市区域土壤中氡浓度或土壤表面氡析出率进行调查，并提交相应的调查报告。未进行过区域土壤中氡浓度或土壤表面氡析出率测定的，应对建筑场地土壤中氡浓度或土壤氡析出率进行测定，并提供相应的检测报告。

4.2.4 当民用建筑工程场地土壤氡浓度测定结果大于 20000Bq/m³ 且小于 30000Bq/m³，或土壤表面氡析出率大于 0.05Bq/（m²·s）且小于 0.10Bq/（m²·s）时，应采取建筑物底层地面抗开裂措施。

4.2.5 当民用建筑工程场地土壤氡浓度测定结果不小于 30000Bq/m³ 且小于 50000Bq/m³，或土壤表面氡析出率不小于 0.10Bq/（m²·s）且小于 0.30Bq/（m²·s）时，除采取建筑物底层地面抗开裂措施外，还必须按现行国家标准《地下工程防水技术规范》GB 50108 中的一级防水要求，对基础进行处理。

4.2.6 当民用建筑工程场地土壤氡浓度平均值不小于 50000Bq/m³ 或土壤表面氡析出率平均值不小于 0.30Bq/（m²·s）时，应采取建筑物综合防氡措施。

4.3.1 Ⅰ类民用建筑室内装饰装修采用的无机非金属装饰装修材料放射性限量必须满足现行国家标准《建筑材料放射性核素限量》GB 6566 规定的 A 类要求。

4.3.6 民用建筑室内装饰装修中所使用的木地板及其他木质材料，严禁采用沥青、煤焦油类防腐、防潮处理剂。

5.2.1 民用建筑工程采用的无机非金属建筑主体材料和建筑装饰装修材料进场时，施工单位应查验其放射性指标检测报告。

5.2.3 民用建筑室内装饰装修中所采用的人造木板及其制品进场时，施工单位应查验其游离甲醛释放量检测报告。

5.2.5 民用建筑室内装饰装修中所采用的水性涂料、水性处理剂进场时，施工单位应查验其同批次产品的游离甲醛含量检测报告；溶剂型涂料进场时，施工单位应查验其同批次产品的 VOC、苯、甲苯＋二甲苯、乙苯含量检测报告，其中聚氨酯类的应有游离二异氰酸酯（TDI＋HDI）含量检测报告。

5.2.6 民用建筑室内装饰装修中所采用的水性胶粘剂进场时，施工单位应查验其同批次产品的游离甲醛含量和 VOC 检测报告；溶剂型、本体型胶粘剂进场时，施工单位应查验其同批次产品的苯、甲苯＋二甲苯、VOC 含量检测报告，其中聚氨酯类的应有游离甲苯二异氰酸酯（TDI）含量检测报告。

5.3.3 民用建筑室内装饰装修时，严禁使用苯、工业苯、石油苯、重质苯及混苯等含苯稀释剂和溶剂。

5.3.6 民用建筑室内装饰装修严禁使用有机溶剂清洗施工用具。

6.0.4 民用建筑工程竣工验收时，必须进行室内环境污染物浓度检测，其限量应符合表 6.0.4 的规定。

民用建筑室内环境污染物浓度限量　　表 6.0.4

污染物	Ⅰ类民用建筑工程	Ⅱ类民用建筑工程
氡（Bq/m³）	≤150	≤150
甲醛（mg/m³）	≤0.07	≤0.08
氨（mg/m³）	≤0.15	≤0.20
苯（mg/m³）	≤0.06	≤0.09
甲苯（mg/m³）	≤0.15	≤0.20
二甲苯（mg/m³）	≤0.20	≤0.20
TVOC（mg/m³）	≤0.45	≤0.50

注：1　污染物浓度测量值，除氡外均指室内污染物浓度测量值扣除室外上风向空气中污染物浓度测量值（本底值）后的测量值。

2　污染物浓度测量值的极限值判定，采用全数值比较法。

6.0.14　幼儿园、学校教室、学生宿舍、老年人照料房屋设施室内装饰装修验收时，室内空气中氡、甲醛、氨、苯、甲苯、二甲苯、TVOC 的抽检量不得少于房间总数的 50%，且不得少于 20 间。当房间总数不大于 20 间时，应全数检测。

6.0.23　室内环境污染物浓度检测结果不符合本标准表 6.0.4 规定的民用建筑工程，严禁交付投入使用。

4.3　管理规定

（1）创建精品工程应以结构安全可靠、经济、适用、美观、节能环保及绿色施工为原则，遵循 PDCA 的科学管理方法，进行工程创优总体策划，做到策划先行，样板引路，过程控制，持续改进。

（2）建立装饰 BIM 模型，与土建、安装 BIM 模型进行合模，提前碰撞分析问题，前置解决。

（3）装饰装修工程所采用的材料、设备应有产品合格证书和性能检测报告，其品种、规格、性能等应符合国家现行产品标准和设计要求，需要进场复试的材料应复试合格。

（4）根据总进度计划，编制装饰专业施工进度计划，合理安排工序穿插。计划中，标明各材料的计划采购时间，确定材料排产及进场等关键的时间节点。

（5）装饰工程对涉及的分项工程应结合现场实际情况，编制施工方案，方案要考虑周全、便于施工，过程中要严控方案落实。

（6）采用 BIM 模型、文字及现场样板交底相结合的方式进行全员交底，明确施工工序、质量要求及标准做法，以确保策划的有效落地。

（7）与总承包单位做好标高控制点、轴线控制线的交接，舞台控制线要精确，同时借助三维模型进行放线。

（8）针对装饰专业的特殊部位、关键工序、面层效果等确立样板施工类型、样板施工内容等，进行样板制作与施工，并经各方验收通过后方可展开大面积施工。

（9）技术复核工作至关重要，是保证每个关键节点符合要求的关键过程。各施工阶段应及时对各工序涉及的重点点位进行复核、实测及纠偏，确保符合图纸及深化要求。

（10）对过程施工中的基层、面层进行实测实量，对于不满足规范要求的部位及时进行调整、整改。

（11）严格落实预验收制度，建立施工单位、监理、甲方检查验收流程，施工单位自检→监理验收→甲方终检。根据工程进度明确预验收时间，遵循预验收管理流程，提前管控。

（12）施工过程中对于施工技术质量不合格处要做到零容忍，按照管理内容每天落实实施情况，并做好书面检查记录资料。

4.4　深化设计

深化设计图需经总包、监理、业主及设计单位会签后实施。作为综合时间和空间艺术需要一个维持观演关系的空间——剧场或演出场所。舞台美术家在超越时空的演出中共同构成具有声、光、色、形等多维因素的视觉和听觉的创意空间，并随着时间以及情节、场景的转换而延续发展。不论是戏剧情节的转折还是戏曲歌舞的表演，在表演的同时，演出灯光在观众视觉中或以不知不觉的方式进行光的明暗效果变化、形体空间的变化或以灯光设备本身具备的功能造成各种视觉表现效果。以塑造形象、渲染色彩、变化节奏等方式参与演出并形成有视觉语汇的舞台演出空间气氛，从而影响观众的情绪变化，构成情景、演员、观众相互影响的与舞台演出内容吻合的特定空间。

1. 深化原则

以舞台详图为蓝本，在不更改原剧场建筑布局规划的基础上，综合考虑设计应确保观众的生命安全及观演的卫生条件，贯彻国家有关节能、环境保护的法规政策，并避免剧场建设中的盲目攀比造成浪费，同时应满足观众视听要求、室内环境要求和舞台工艺要求。使舞台设计更合理经济，建筑声学设计和舞台工艺设计在剧场深化设计阶段应该进入，并与深化设计密切配合。

2. 舞台地面

作为综合性的地方剧场，要从通用性、普遍性、稳定性、实用性等角度通盘考虑，主要是满足常见的歌舞、戏曲和杂技等演出时可能有的大量跳跃、翻滚、滑动、旋转等运动的需要。因此舞台地面通常选用舞台木地板。木地板根据材质不同分为复合地板、强化地板、实木地板三大类。经济性舞台多数用的是复合地板，他们都是在地面上直接铺装一层地板材料即可，这种做法简单、经济，弹性减振效果一般。强化地板较为耐用，但是环保方面一般，稳定性不够强，它最大的优点在于不怕潮湿。而实木地板是众多木地板中最高端也最稳定的一款地面材料，由于它结合品木龙骨结构或者钢结构架空性质，具有弹性减振效果，稳定性强的同时还兼具环保性能。不同的表演形式对舞台地板的要求各有不同，甚至不同的舞蹈对地板的要求也各不相同。比如：芭蕾舞要防滑，赤脚的现代舞要光滑，踢踏舞不能太滑但要有弹性，而艺术体操用的是专门的带弹性的地毯等。

3. 舞台装饰与声学设计

判断舞台声学系统的优劣，应首先观察所处的声学环境，其摆放在有利于发挥性能的位置上，将音箱拉开一定的距离，听者与两只音箱呈等边三角形。将左右声道平衡钮放在中间位置，关掉一般器材都有的频率均衡装置。由小到大开启音量旋钮，直至开到最大，在静态下听其噪音如何。然后，放上自己已在多种器材上听熟的CD唱片，慢慢开启音量，听一听声音是否固定；通过左右移动，判断系统的相应特性，增大音量至耳朵刚好到不适为止，选择软件中鼓声和大提琴等感觉低音的表现力，看其是否厚实有力、不浑浊、不轻飘，放得开又收得住；利用人声判断中音的性能，层次要分明，既不压抑也不渲染，圆润丰富；采用泛音丰富的小提琴和金属打击乐器的声音判断器材的高音，以细腻流畅、明亮通透、定位准确者为佳；用打击音乐（如打碎玻璃等）听其瞬态、动态、阻尼特性；用交响乐判断音场、气势和整体的频响平衡以及纵深感和现场感；用大音量听基功率裕量和动态范围；用极小的音量判断低输出时的表现能力。

为了保证舞台声学效果，舞台墙面面层通常采用吸声多孔材料。为保证舞台对其他空间不产生影响，舞台墙面需要增加隔声做法。由于舞台通常高度较高，隔声墙内部需要增加相应的钢材进行加固。

4. 舞台装饰与灯光设计

舞台装饰设计过程中需注意对专业灯光位置的预留，通常灯光设置有如下内容：

（1）面光：自观众顶部正面投向舞台的光，主要作用为人物正面照明及整台基本光铺染。

（2）耳光：位于台口外两侧，斜投于舞台的光，分为上下数层，主要辅助面光，加强面部照明，增加人物、景物的立体感。

（3）柱光（又称侧光）：自台口内两侧投射的光，主要用于人物或景物的两侧面照明，增加立体感、轮廓感。

（4）顶光：自舞台上方投向舞台的光，由前到后分为一排顶光、二排顶光、三排顶光等，主要用于舞台普遍照明，增强舞台亮度，而且有很多景物、道具的定点照射，主要靠顶光去解决。

（5）逆光：自舞台逆方向投射的光（如顶光、桥光等反向照射），可勾画出人物、景称的轮廓，增强立体感和透明感，也可作为特定光源。

（6）桥光：在舞台两侧天桥处投向舞台的光，主要用于辅助柱光，增强立体感，也用于其他光位不便投射的方位，也可作为特定光源。

（7）脚光：自台口前的台板上向舞台投射的光，主要辅助面光照明和消除由于面光等高位照射的人物面部和下颚所形成的阴影。

（8）天地排光：自天幕上方和下方投向天幕的光，主要用于天幕的照明和色彩变化。

（9）流动光：位于舞台两侧的流动灯架上，主要辅助桥光，补充舞台两侧光线或其他特定光线。

（10）追光：自观众席或其他位置需用的光位，主要用于跟踪演员表演或突出某一特定光线，又用于主持人，是舞台艺术的特写之笔，起到画龙点睛的作用。

4.5 关键节点工艺

4.5.1 测量放线

1. 适用范围

本规程适用于新建、扩建、改建等造型复杂、层次多变的剧院装饰工程施工测量放线。

[illegible]求：由于剧场工程内部装饰造型的复杂性、多变性，建筑标高[illegible]精度须比普通建筑工程的测量仪器精度高一个等级。

[illegible]饰施工分包单位应安排取得测量工程师资格证书或有复杂工[illegible]员为测量负责人。如施工单位缺少此类测量人员，建议要求[illegible]第三方专业单位实施测量工作。

[illegible]饰装修施工放线，按不同适用范围和精度的要求，放线精度[illegible]建设内部的各种功能需求，涉及舞台机械、灯光、音响等专[illegible]计算机、通信、控制等多种学科，又常与消防、暖通等其[illegible]各专业的要求有联系又会有冲突，因此轴线网及高程控制网[illegible]定。

[illegible]→平面和标高加密扩展控制网测设→装饰装修测量→深化设[illegible]

4[illegible]

（1[illegible]（高程、坐标）布置图，复核总包单位基准点尺寸、基准点[illegible]求；原始标高的位置结合装饰设计图、建筑结构图相互之间[illegible]面移交。

（2）[illegible]单位提供的基准点（线）和设计图纸，在结构柱和地面上弹[illegible]网的测设，并反馈出结构偏差情况。在地面上弹放装饰十字[illegible]后的装饰设计图纸和装饰十字主控线，弹放舞台中心控制线[illegible]面完成面线 500mm 的控制线，尺寸可根据现场情况而定），[illegible]线的精确程度；依据装饰设计图纸和装饰十字主控线，在地[illegible]控制线（距完成面线 500mm 的控制线，尺寸可根据现场情[illegible]

（3）高[illegible]移交的高程基准点，在舞台四周弹放装饰一米线；根据装饰[illegible]高线、吊顶基层完成面线、吊顶完成面线、地面完成面线。

（4）吊顶顶棚的定位：根据装饰设计图纸，在地面上弹放出顶面造型外框线、叠级吊顶的轮廓线；吊顶顶棚基层施工前，需组织栅顶钢结构、室内装修施工单位进行栅顶钢结构、顶棚吊顶标高技术复核、确认，防止栅顶钢结构安装标高偏低而影响顶棚吊顶造型施工。

（5）设备的强制定位：依据装饰设计图纸和装饰十字主控线，组织各专业厂家放线技术人员统一放线，在地面上弹放出机电、空调、消防喷淋、泛光照灯、音响等设备的定位线（若设备定位线与吊顶轮廓线在平面位置和标高上发生碰撞，及时联系设计师进行位置调整）；根据各专业厂家提供的设备尺寸，制作模具，根据标高线和设备定位线，将设备模具进行强制定位。

（6）验线：在室内装饰施工单位和各专业厂家放线完成后，由项目总工、设计总监进行验线，保证图纸设计尺寸和现场放线尺寸无误。

5. 实例或示意图

实例或示意图见图 4.5-1、图 4.5-2。

图 4.5-1　控制线

图 4.5-2　装饰一米标高线

4.5.2　墙面吸声板

1. 适用范围

适用于剧院类项目舞台墙面施工。

2. 质量要求

（1）FC 板的品种、规格、颜色和性能应符合设计要求及国家现行标准的有关规定。木龙骨、木饰面板的燃烧性能等级应符合设计要求。

（2）龙骨、连接件的材质、数量、规格、位置、连接方法和防腐处理应符合设计要求。木板安装应牢固。

（3）木板表面应平整、洁净、色泽一致，应无缺损。

（4）木板接缝应平直，宽度应符合设计要求。

（5）木板上的孔洞应套割吻合，边缘应整齐。

（6）FC 板安装的允许偏差应符合表 4.5-1 的标准。

安装允许偏差 表 4.5-1

项次	项目	允许偏差(mm)	检验方法
1	立面垂直度	2	2m 垂直检测尺
2	表面平整度	1	2m 靠尺和塞尺
3	阴阳角方正	2	200mm 直角检测尺
4	接缝直线度	2	5m 线，钢直尺
5	墙裙、勒脚上口直线度	2	5m 线，钢直尺
6	接缝高低差	1	钢直尺和塞尺
7	接缝宽度	1	钢直尺

3. 工艺流程

基层清理→测量放线→安装竖龙骨→安装水平龙骨→填波芯棉→安装 FC 板→上涂料封压边条→清理

4. 精品要点

(1) FC 板进场后，必须进行外观、尺寸检验或验证；材料的尺寸、厚度、穿孔形式、孔距等必须满足设计要求。

(2) 原材料物理性能检测按有关标准规范要求，抽样复验各种原材料、零配件的化学成分和物理性能。防火性能必须满足设计及规范要求。材料声学性能要满足设计要求，并提供国内声学研究所提供的测试报告。

(3) 龙骨的规格、型号、连接方式应符合设计及规范要求；排布、间距应满足设计要求，且应保证罩面板的接缝必须落在龙骨上；龙骨距离墙面的空腔间距应满足设计要求。

(4) FC 板墙面隐蔽验收，应注意各类线盒、管道周边是否密封严密（避免影响墙体的整体性及密封性），基层玻璃棉厚度、规格是否满足设计要求，玻璃棉置放是否均匀、无空隙，是否有防脱落措施。

(5) FC 板安装。

① 施工前应先进行现场放样，并精确计算出各块饰面板的尺寸，并按照计算出的尺寸准确下料，其尺寸允许偏差：长度±1mm，宽度±1mm，厚度±0.5mm，对角线±2mm。

② 将板材对准安装位置，使用手枪钻在板面安装点打引导孔，孔洞应穿过板面并穿透金属龙骨。将自攻螺钉旋入，使板材固定，锚固深度不应小于 15mm。

③ 自攻螺钉宜采用平头不锈钢螺钉；旋入自攻螺钉时不得使其尾端陷入板面，应与同板面齐平；使用与板面相同的涂料、颜料或漆料覆盖修饰自攻螺钉顶端。

④ FC 板饰面要保证整体平整度满足要求。

(6) 饰面板与基层龙骨的连接应可靠、牢固。避免因饰面板与龙骨间连接不牢固产生共振等声学缺陷。

5. 示意图

示意图见图 4.5-3～图 4.5-5。

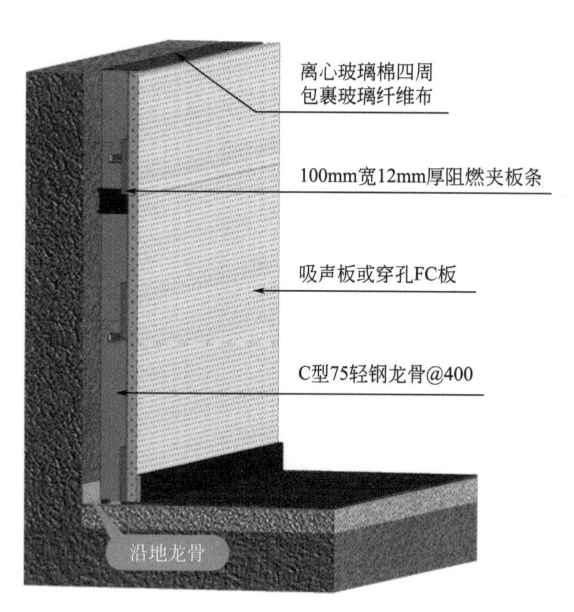

图 4.5-3　FC 板安装节点三维视图

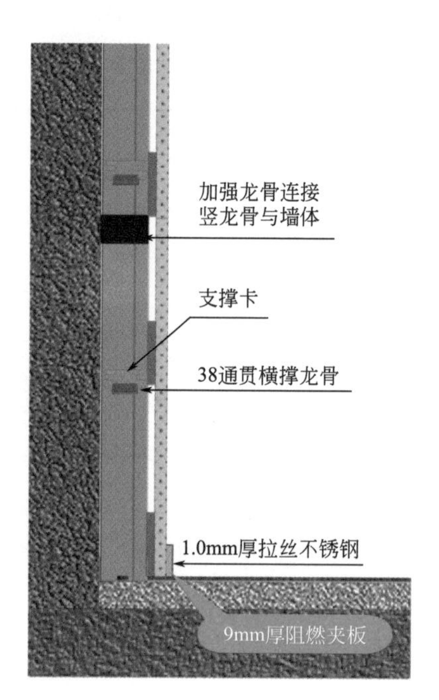

图 4.5-4　FC 板安装节点剖面图

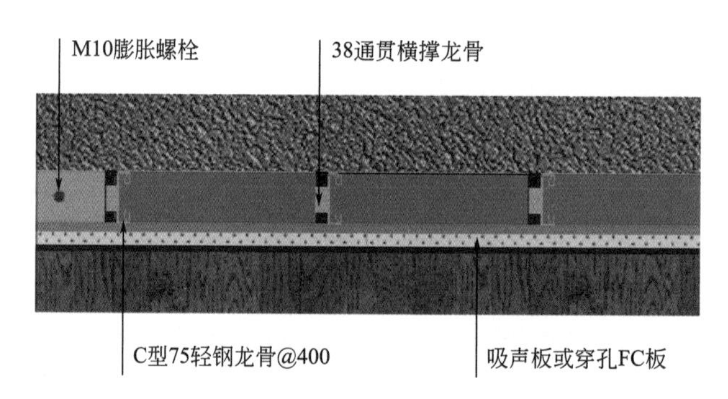

图 4.5-5　FC 板安装节点俯视图

4.5.3　舞台木地板

1. 适用范围

适用于剧院类项目舞台运动木地板面层的施工。

2. 质量要求

（1）实木地板面层所采用的材料和铺设时的木材含水率必须符合设计要求。木龙骨、垫木和毛地板等必须做防腐、防蛀、防火处理。

（2）木龙骨安装应牢固、平直，其间距和稳固方法必须符合设计要求。

（3）面层铺设应牢固；粘结应无空鼓、松动。

（4）实木地板、实木集成地板、竹地板面层采用的材料进入施工现场时，应有有害物质限量合格的检测报告。

（5）地板面层应刨平、磨光，无明显刨痕和毛刺等现象；图案应清晰，颜色应均匀一致。

（6）面层缝隙应严密；接头位置应错开，表面应平整、洁净。

（7）地板面层的允许偏差应符合表4.5-2的标准。

地板面层允许偏差 表4.5-2

项次	项目	允许偏差(实木地板)(mm)			检验方法
		松木地板	硬木地板	拼花地板	
1	板面缝隙宽度	1.0	0.5	0.2	用钢尺检查
2	表面平整度	3.0	2.0	2.0	用2m靠尺和楔形塞尺检查
3	踢脚线上口平齐	3.0	3.0	3.0	拉5m线和用钢尺检查
4	板面拼缝平直	3.0	3.0	3.0	
5	相邻板材高差	0.5	0.5	0.5	用钢尺和楔形塞尺检查
6	踢脚线与面层的接缝	1.0			用楔形塞尺检查

3. 工艺流程

基层清理→测量放线→自流平施工→木龙骨及填充层施工→铺钉毛地板→防潮垫铺设→铺实实木地板→踢脚线→清理

4. 精品要点

（1）墙面、顶棚及门窗等安装完成后，将地面杂物清扫干净，清除基层表面起砂、油污、遗留物等，清理干净地面尘土、砂粒，地面彻底清理干净后，均匀滚涂一遍界面剂，再用扫帚将浮土清扫干净。待所有清理工作完成后进行验收，验收合格后方可弹线。

（2）检查水泥自流平是否符合有关技术标准，过期的自流平不得使用。将自流平适量倒入容器中，按产品说明用洁水将自流平稀释。充分搅拌直至水泥自流平成流态物。顺序将自流平倒在施工地面，用耙齿刮板刮平，厚度2～3mm。自流平施工完后4h内不得上人和堆放物品。

（3）根据设计图案、木地板规格、房间大小进行分格、弹线定位。在基层上弹出中心十字线或对角线，并弹出拼花分块线。在墙上弹出镶边线。线条必须清晰、准确。地板铺贴前按线干排、预拼并对板进行编号。

（4）木龙骨选用20mm×40mm断面尺寸，木龙骨和墙间应留出不小于30mm的缝隙，相邻木龙骨之间的中心距离不应大于300mm，采用钢排钉固定于结构楼面，其表面要求平整、平直。木龙骨之间的地面上铺设填充层，采用水泥砂浆珍珠岩找平，防止木板受潮及曲翘变形。

（5）毛地板采用15mm阻燃胶合板，与龙骨用地板钉固定。毛地板与木龙骨成30°或45°角斜向铺钉，毛地板铺设时，木材髓心应向上，其板间缝隙不大于3mm，与墙之间应留8～12mm的缝隙，相邻两行毛地板的接头处相互错开不少于200mm，每一块毛地板应在其下的每根木龙骨上各用两只钉固定，钉的长度为毛地板厚度的2.5倍。基层毛地板铺设后，作找平处理，毛地板表面平整度必须满足要求，与基层结合要牢固，不得出现空鼓现象。

（6）将地板专用防潮膜，按面板铺设方向进行铺展，接缝应避免重叠，接缝应用胶带粘连。

（7）铺设木地板时，面板与上层龙骨呈90°垂直铺设，相邻板材接头位置应错开不小于300mm的距离，地板面层与墙间应留8～12mm的缝隙，木地板面层台阶处采用专用收口条处理，同时对木地板块进行严格挑选，宜将纹理色彩相近的集中使用，必须检查地板的花色、边角、板面、高低差及是否弯曲等质量问题，若出现此类问题严格禁止使用。

5. 示意图

示意图见图 4.5-6、图 4.5-7。

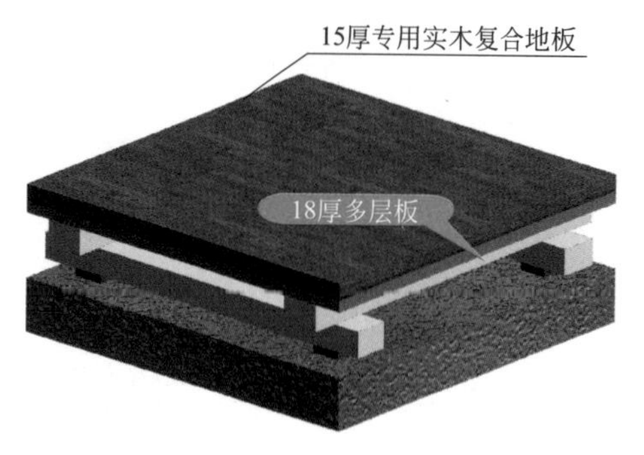

图 4.5-6 舞台木地板三维视图

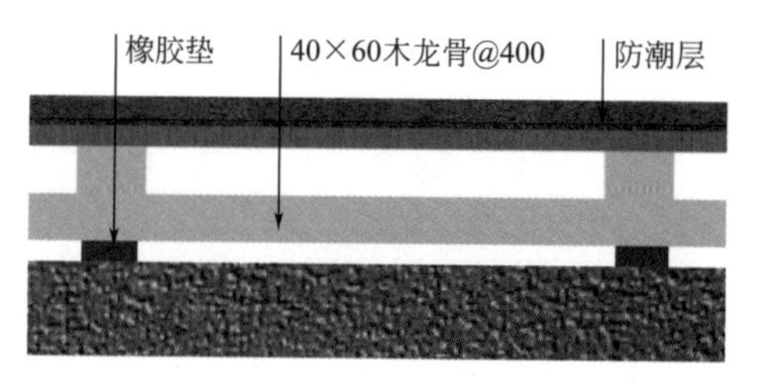

图 4.5-7 舞台木地板剖面视图

4.5.4 GRG 墙面施工

1. 适用范围

适用于剧院类项目观众厅 GRG 墙面面层的施工。

2. 质量要求

(1) GRG 材料目前属于新型材料，暂无质量验收标准，建议参照《建筑装饰装修工程质量验收标准》GB 50210—2018 涉及的内容进行验收。

(2) 主龙骨钢架、副龙骨钢架安装牢固，尺寸位置均应符合设计要求，焊接符合设计及施工验收规范要求。

(3) GRG 背衬加强件及挂接件埋设牢固，转接件与 GRG 挂接点应连接牢固。

(4) GRG 板材之间的板缝处理，要求用高强石膏加高强玻纤丝在板的背面做加强措施，然后在板缝的正面封层填嵌高强石膏并放置加强网，在此设置加强措施。

(5) GRG 板材表面平整，无凹陷、翘边、蜂窝麻面现象。

(6) GRG 面层的允许偏差应符合下列标准：

① 表面平整±3mm，用 2m 直尺和楔形塞尺检查；

② 接平直±3mm，拉 5m 线检查；

③ 接缝高低±1mm，用直尺和楔形塞尺检查；

④ 弧度平整±2mm；

⑤ 立面骨架±3mm，用 2m 托线板检查。

3. 工艺流程

深化图纸→放样→材料进场→板材安装→机电预留孔位→隐蔽验收→批嵌→喷漆处理

4. 精品要点

(1) GRG 产品要存放在阴凉、干燥的场所；相同规格应分垛码放，标识明显，离开地面不得小于 100mm，避免风吹、雨淋、受潮、油污。GRG 产品应竖立堆放（一般情况下产品与地面呈垂直状态）。

（2）主钢架横、竖龙骨间距应符合设计图纸的要求，GRG 主钢架预埋板应按照图纸要求的间距与墙面有牢固的连接。

（3）对于墙内的设备，应根据工程实际情况合理布置。轻型设备应固定在主龙骨或附加龙骨上，重型设备或其他重型吊挂物不得与龙骨连接，应另设固定构造。

（4）沿墙面不同高度用红外线打出若干条垂直于墙面总控中轴线的线，这样在墙面就形成了类似“九宫格”式的网状定位线；将整个墙面划分出若干个小的区域。

（5）墙面的安装顺序：左右安装方向，以总控中轴线向左右两侧扩散的形式进行安装。

（6）墙面的安装方法基本与顶棚的安装方法相同，也是在各个小的区域内调整偏差；墙面的产品安装连接一般采用干挂或焊接的方式。干挂一般是用在平面上居多；焊接连接一般是用在造型墙面上。

（7）GRG 产品表面经过批平、批顺打磨后，一般要在饰面进行油漆处理，GRG 产品表面可以用白色乳胶油漆、真石油漆、烤漆、贴木皮、金箔、银箔以及绘画等各种饰面处理。但饰面经过处理后，在使用过程中还需注意以下几点：

① 保持室内的通风。尽可能保持室内的温度、湿度与环境的温度、湿度一致。

② 避免重物撞击墙体。轻度冲击会在墙体留下痕迹、麻点；当撞击力超过 GRG 产品最大断裂荷载时，会导致墙体开裂，重者可能导致墙体脱落。

③ 在清理墙体时，尽量少用湿物清理。湿物接触有可能会导致 GRG 墙体表面涂料发生化学反应，产生变色；尽可能地用柔软、干燥的物品进行清理。

④ 如因外力原因造成墙体损害后，可对损害部位进行裁减、维修，当修补完毕后，不可留一点痕迹，恢复墙体原有的整体效果。

5. 示意图

示意图见图 4.5-8～图 4.5-10。

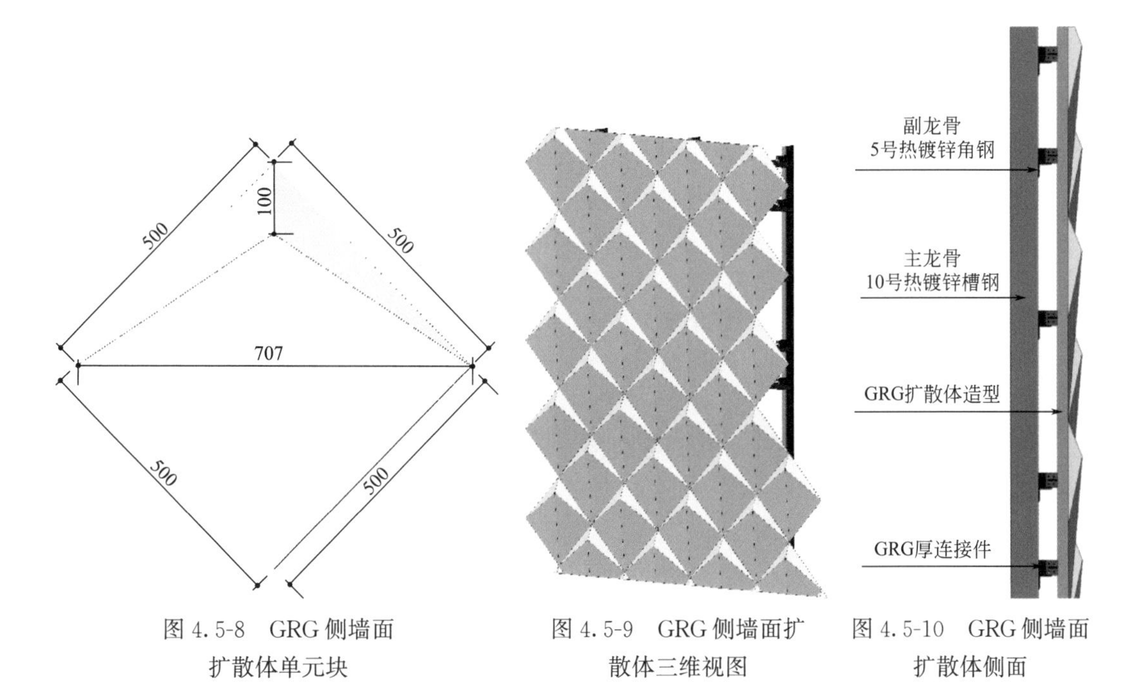

图 4.5-8 GRG 侧墙面扩散体单元块

图 4.5-9 GRG 侧墙面扩散体三维视图

图 4.5-10 GRG 侧墙面扩散体侧面

4.5.5 GRG 吊顶施工

1. 适用范围

适用于剧院类项目观众厅 GRG 吊顶面层的施工。

2. 质量要求

（1）GRG 材料目前属于新型材料，暂无质量验收标准，建议参照《建筑装饰装修工程质量验收标准》GB 50210—2018 涉及的内容进行验收。

（2）主龙骨钢架、副龙骨钢架安装牢固，尺寸位置均应符合设计要求，焊接符合设计及施工验收规范要求。

（3）GRG 背衬加强件及挂接件埋设牢固，转接件与 GRG 挂接点应连接牢固。

（4）先按照埋板的测量定位画好化学锚栓钻孔的位置，在混凝土上钻孔，孔深要符合安装要求，然后清理干净孔槽内的碎屑后，插入螺栓，放置埋板、垫片；最后拧上螺母，螺母一定要旋紧，不得松动，旋紧后要进行点焊，并进行防腐处理。如出现钻孔碰到结构钢筋锚栓无法安装时，需在侧边使用同厚度同材质的加强板做补强处理，加强板与原埋板满焊。另外后置埋件安装前必须通过锚栓拉拔实验，要求设计剪力 5.79kN，设计拉力 10.32kN。

（5）安装连接件时首先要寻找原预埋件，核对预埋件的位置是否准确，对不符合要求的预埋件进行调整，如增加后置埋件等。

（6）连接件三维空间定位确定准确后，要进行连接件的临时固定即点焊。点焊时每个焊接面点 2～3 点，要保证连接件不会脱落。点焊时要两人同时进行，一人固定位置，另一人点焊，这样协调施工，同时两人都要做好各种防护；点焊人员必须具有焊工技术操作证，以保证点焊的质量。

（7）根据 GRG 上自带前置预埋件位置下挂 10 号吊筋，吊筋位置与 GRG 板材垂直。根据排板编号对位安装。

（8）GRG 吊顶表面平整，无凹陷、翘边、蜂窝麻面现象。

（9）GRG 表面进行的喷涂处理，首先要进行批嵌即底漆处理，然后再喷面漆。要求成品 GRG 表面光滑，无气泡及凹陷处，色泽一致，无色差。

（10）GRG 面层的允许偏差应符合下列标准：

① 表面平整±3mm，用 2m 直尺和楔形塞尺检查；

② 接平直±3mm，拉 5m 线检查；

③ 接缝高低±1mm，用直尺和楔形塞尺检查；

④ 弧度平整±2mm；

⑤ 立面骨架±3mm，用 2m 托线板检查。

3. 工艺流程

同 4.5.4 节中 3 工艺流程。

4. 精品要点

（1）GRG 产品要存放在阴凉、干燥的场所；相同规格应分垛码放，标识明显，离开地面不得小于 100mm，避免风吹、雨淋、受潮、油污。GRG 产品应竖立堆放（一般情况下产品与地面呈垂直状态）；

（2）主钢架横、竖龙骨间距应符合设计图纸的要求，GRG主钢架预埋板应按照图纸要求的间距与顶面有牢固的连接；

（3）对于吊顶内的设备，应根据工程实际情况合理布置。轻型设备应固定在主龙骨或附加龙骨上，重型设备或其他重型吊挂物不得与龙骨连接，应另设固定构造；

（4）用红外线打出若干条垂直于吊顶总控中轴线的线，这样在吊顶就形成了类似“九宫格”式的网状定位线；将整个吊顶划分出若干个小的区域；

（5）吊顶的安装顺序：左右安装方向，以总控中轴线向左右两侧扩散的形式进行安装；

（6）顶棚的安装方法是在各个小的区域内调整偏差；吊顶的产品安装连接一般采用干挂或焊接的方式。干挂一般是用在平面上居多；焊接连接一般是用在造型吊顶上；

（7）GRG产品表面经过批平、批顺打磨后，一般要在饰面进行油漆处理，GRG产品表面可以用白色乳胶油漆、真石油漆、烤漆、贴木皮、金箔、银箔以及绘画等各种饰面处理。但饰面经过处理后，在使用过程中还需注意以下几点：

① 保持室内的通风。尽可能保持室内的温度、湿度与环境的温度、湿度一致；

② 避免重物撞击吊顶。轻度冲击会在吊顶留下痕迹、麻点；当撞击力超过GRG产品最大断裂荷载时，会导致吊顶开裂，重者可能导致吊顶脱落；

③ 在清理吊顶时，尽量少用湿物清理。湿物接触有可能会导致GRG吊顶表面涂料发生化学反应，产生变色；尽可能地用柔软、干燥的物品进行清理；

④ 如因外力原因造成吊顶损害后，可对损害部位进行裁减、维修，当修补完毕后，不可留一点痕迹，恢复吊顶原有的整体效果。

5. 示意图

示意图见图4.5-11。

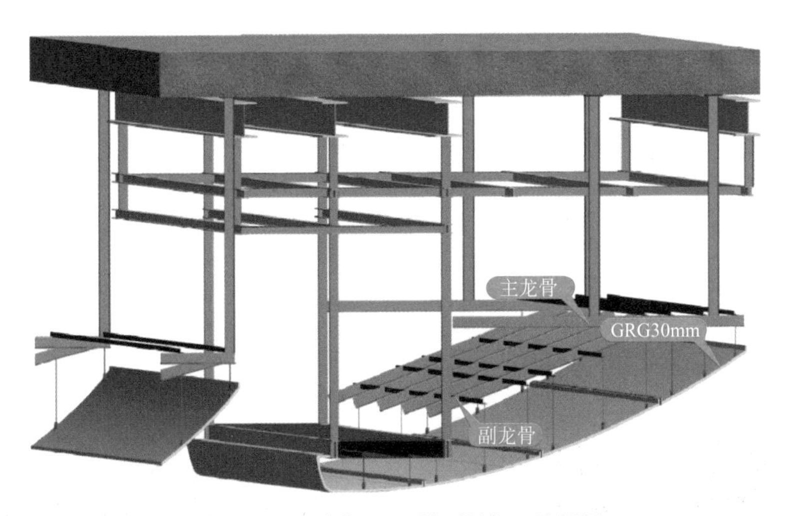

图4.5-11 剧院GRG吊顶局部三维视图

4.5.6 地面木地板施工

1. 适用范围

适用于剧院类项目观众厅实木地板面层的施工。

2. 质量要求

同4.5.3节中2的要求。

3. 工艺流程

基层清理→测量放线→木龙骨及填充层施工→铺钉毛地板→防潮垫铺设→铺实实木地板→清理

4. 精品要点

（1）对基层空鼓、麻点、掉皮、起砂、高低偏差等部位先进行返修，并把沾在基层上的浮浆、落地灰等用錾子或钢丝刷清理掉，再用扫帚将浮土清扫干净。待所有清理工作完成后进行验收，验收合格后方可弹线。

（2）按设计轴线距离，在四周墙面上弹出铺贴分割线及控制标准线，供安装龙骨调平及填充层控制标高使用。

（3）木龙骨选用20mm×40mm断面尺寸，木龙骨和墙间应留出不小于30mm的缝隙，相邻木龙骨之间的中心距离不应大于300mm，采用钢排钉固定于结构楼面，其表面要求平整、平直。木龙骨之间的地面上铺设填充层，采用水泥砂浆珍珠岩找平，防止木板受潮及曲翘变形。

（4）毛地板采用15mm阻燃胶合板，与龙骨用地板钉固定。毛地板与木龙骨成30°或45°角斜向铺钉，毛地板铺设时，木材髓心应向上，其板间缝隙不大于3mm，与墙之间应留8～12mm的缝隙，相邻两行毛地板的接头处相互错开不少于200mm，每一块毛地板应在其下的每根木龙骨上各用两只钉固定，钉的长度为毛地板厚度的2.5倍。基层毛地板铺设后，作找平处理，毛地板表面平整度必须满足要求，与基层结合要牢固，不得出现空鼓现象。

（5）将地板专用防潮膜按面板铺设方向进行铺展，接缝应避免重叠，接缝应用胶带粘连。

（6）铺设木地板时，面板与上层龙骨呈90°垂直铺设，相邻板材接头位置应错开不小于300mm的距离，地板面层与墙间应留8～12mm的缝隙，木地板面层台阶处采用专用收口条处理，同时对木地板块进行严格挑选，宜将纹理色彩相近的集中使用，必须检查地板的花色、边角、板面、高低差及是否弯曲等质量问题，若出现此类问题严格禁止使用。

5. 示意图

示意图见图4.5-12～图4.5-13。

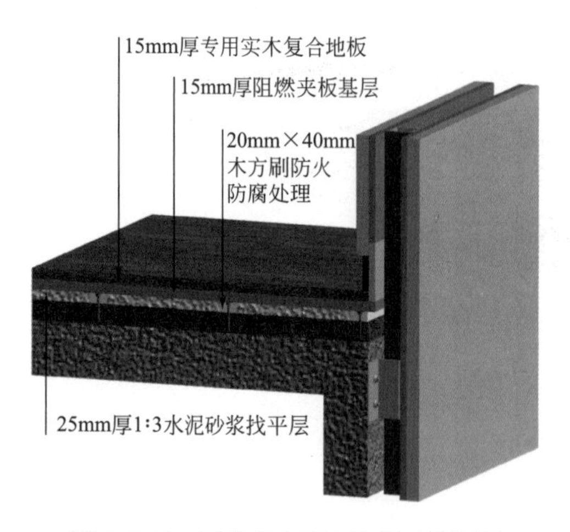

图4.5-12　剧院观众厅木地板三维视图

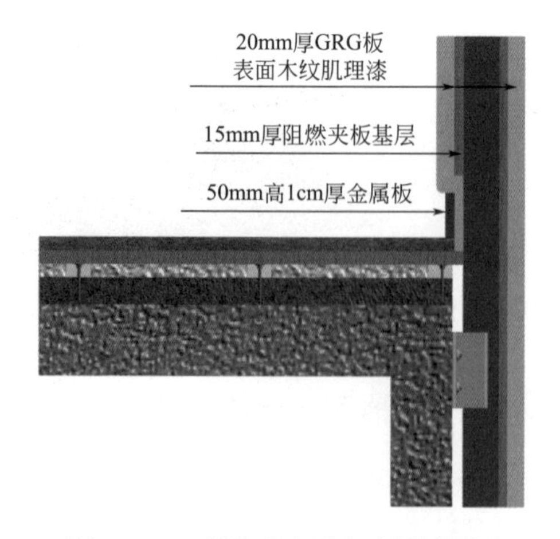

图4.5-13　剧院观众厅木地板剖视图

4.5.7 地毯施工

1. 适用范围

适用于剧院类项目观众厅地毯面层的施工。

2. 质量要求

(1) 实木地板面层所采用的材质和铺设时的木材含水率必须符合设计要求。木龙骨、垫木和毛地板等必须做防腐、防蛀、防火处理。

(2) 地毯面层应采用地毯为卷材，以空铺法或实铺法铺设地毯的地面面层（或基层）应坚实、平整、洁净、干燥，无凹坑、麻面、起砂、裂缝，并不得有油污、钉头及其他凸出物。

(3) 地毯衬垫应满铺平整，地毯拼缝处不得露底衬。

(4) 空铺地毯面层应符合下列要求：

① 块材地毯宜先拼成整块，然后按设计要求铺设；

② 块材地毯的铺设，块与块之间应挤紧服帖；

③ 卷材地毯宜先长向缝合，然后按设计要求铺设；

④ 地毯面层的周边应压入踢脚线下；

⑤ 地毯面层与不同类型的建筑地面面层的连接处，其收口做法应符合设计要求。

(5) 实铺地毯面层应符合下列要求：

① 实铺地毯面层采用的金属卡条（倒刺板）、金属压条、专用双面胶带、胶粘剂等应符合设计要求；

② 铺设时，地毯的表面层宜张拉适度，四周应采用卡条固定；门口处宜用金属压条或双面胶带等固定；

③ 地毯周边应塞入卡条和踢脚线下；

④ 地毯面层采用胶粘剂或双面胶带粘结时，应与基层粘贴牢固。楼梯地毯面层铺设时，梯段顶级地毯应固定于平台上，其宽度应不小于标准楼梯、台阶踏步尺寸；阴角处应固定牢固；梯段末级地毯与水平段地毯的连接处应顺畅、牢固。

(6) 地毯面层采用的材料应符合设计要求和国家现行有关标准的规定。

(7) 地毯面层采用的材料进入施工现场时，应有地毯、衬垫、胶粘剂中的挥发性有机化合物（VOC）和甲醛限量合格的检测报告。

(8) 同一工程、同一材料、同一生产厂家、同一型号、同一规格、同一批号检查一次。地毯表面应平整，拼缝处应粘贴牢固、严密平整、图案吻合。

(9) 地毯表面不应起鼓、起皱、翘边、卷边、显拼缝、露线和毛边，绒面毛应顺光一致，地毯面应洁净、无污染和损伤。

(10) 地毯同其他面层连接处、收口处和墙边、柱子周围应顺直、压紧。

3. 工艺流程

检验地毯质量→技术交底→准备机具设备→基底处理→弹线套方、分格定位→地毯剪裁→钉倒刺板条→铺衬垫→地毯铺设→细部处理收口→检查验收

4. 精品要点

(1) 对基层空鼓、麻点、掉皮、起砂、高低偏差等部位先进行返修，并把沾在基层上

的浮浆、落地灰等用錾子或钢丝刷清理掉，再用扫帚将浮土清扫干净。待所有清理工作完成后进行验收，验收合格后方可弹线。

（2）按设计轴线距离，在四周墙面上弹出铺贴分割线及控制标准线，填充层控制标高使用。

（3）木龙骨选用 20mm×40mm 断面尺寸，木龙骨和墙间应留出不小于 30mm 的缝隙，相邻木龙骨之间的中心距离不应大于 300mm，采用钢排钉固定于结构楼面，其表面要求平整、平直。木龙骨之间的地面上铺设填充层，采用水泥砂浆珍珠岩找平，防止木板受潮及曲翘变形。

（4）毛地板采用 15mm 阻燃胶合板，与龙骨用地板钉固定。毛地板与木龙骨成 30°或 45°角斜向铺钉，毛地板铺设时，木材髓心应向上，其板间缝隙不大于 3mm，与墙之间应留 8～12mm 的缝隙，相邻两行毛地板的接头处相互错开不少于 200mm，每一块毛地板应在其下的每根木龙骨上各用两只钉固定，钉的长度为毛地板厚度的 2.5 倍。基层毛地板铺设后，作找平处理，毛地板表面平整度必须满足要求，与基层结合要牢固，不得出现空鼓现象。

（5）将地板专用防潮膜按面板铺设方向进行铺展，接缝应避免重叠，接缝应用胶带粘连。

（6）铺设木地板时，面板与上层龙骨呈 90°垂直铺设，相邻板材接头位置应错开不小于 300mm 的距离，地板面层与墙间应留 8～12mm 的缝隙，木地板面层台阶处采用专用收口条处理，同时对木地板块进行严格挑选，宜将纹理色彩相近的集中使用，必须检查地板的花色、边角、板面、高低差及是否弯曲等质量问题，若出现此类问题严格禁止使用。

（7）接缝处做好细部处理，无起鼓、翘边，地毯与毛刺地板拼接牢固。

5. 实例或示意图

实例图见图 4.5-14。

图 4.5-14　地毯铺设施工实例

4.5.8　栏杆施工

1. 适用范围

适用于剧院类项目观众厅、剧场拦河部位栏杆的施工。

2. 质量要求

（1）栏杆应用坚固、耐久的材料制作，并能承受荷载规范规定的水平荷载（0.5kN/m）。

（2）临空高度在 24m 以下时，栏杆高度不低于 1.05m，临空高度在 24m 及 24m 以上时，栏杆高度不低于 1.1m（栏杆高度应从地面开始算起）。栏杆净距不应大于 0.11m。

（3）预埋件与原土建结构应固定牢固，膨胀螺栓不能松动。

（4）安装楼梯栏杆立杆的部位，基层混凝土不得有酥松现象，并且安装标高应符合设计要求，凹凸不平处必须剔除或修补平整，过凹处及基层蜂窝麻面严重处，不得用水泥砂浆修补，应用高强混凝土进行修补，并待达到一定强度后，方可进行栏杆安装。

（5）按设计及安装要求正确弹出栏杆立杆安装间距位置和中心线。

（6）不锈钢栏杆扶手安装完毕后不能有毛刺，焊点处理抛光光滑。

（7）当观众厅坐席地坪高于前排 0.50m 以及坐席侧面紧临有高差的纵向走道或梯步时，应在高处设栏杆，且栏杆应坚固，高度不应小于 1.05m，并不应遮挡视线。

（8）观众厅应采取措施保证人身安全，楼座前排栏杆和楼层包厢栏杆不应遮挡视线，高度不应大于 0.85m，下部实体部分不得低于 0.45m。

3. 工艺流程

安装预埋件→放线→安装立杆→扶手与立柱连接→打磨抛光

4. 精品要点

（1）安装预埋件：栏杆预埋件的安装只能采用后加埋件做法，其做法是采用膨胀螺栓与钢板来制作后置连接件，先在土建基层上放线，确定立柱固定点的位置，然后在地面上用冲击钻钻孔，再安装膨胀螺栓，螺栓保持足够的长度，在螺栓定位以后，将螺栓拧紧同时将螺母与螺杆间焊死，防止螺母与钢板松动。扶手与墙体面的连接也同样采取上述方法。

（2）放线：由于上述后加埋件施工，有可能产生误差，因此，在立柱安装之前，应重新放线，以确定埋板位置与焊接立杆的准确性，如有偏差，及时修正。应保证不锈钢立柱全部坐落在钢板上，并且四周能够焊接。

（3）安装立柱：焊接立柱时，需双人配合，一个扶住钢管使其保持垂直，在焊接时不能晃动，另一人施焊，要四周施焊，并应符合焊接规范要求。

（4）扶手与立柱连接：立柱在安装前，通过拉长线放线，根据场地的倾斜角度及所用扶手的圆度，在其上端加工出凹槽。然后把扶手直接放入立柱凹槽中，从一端向另一端顺次点焊安装，相邻扶手安装应对接准确，接缝严密。相邻钢管对接好后，将接缝用不锈钢焊条进行焊接。焊接前，必须将沿焊缝每边 30～50mm 范围内的油污、毛刺、锈斑等清除干净。

（5）打磨抛光：全部焊接好后，用手提砂轮机将焊缝打平砂光，直到不显焊缝。抛光时采用绒布砂轮或毛毡进行抛光，同时采用相应的抛光膏，直到与相邻的母材基本一致、不显焊缝为止。

5. 示意图

示意图见图 4.5-16、图 4.5-17。

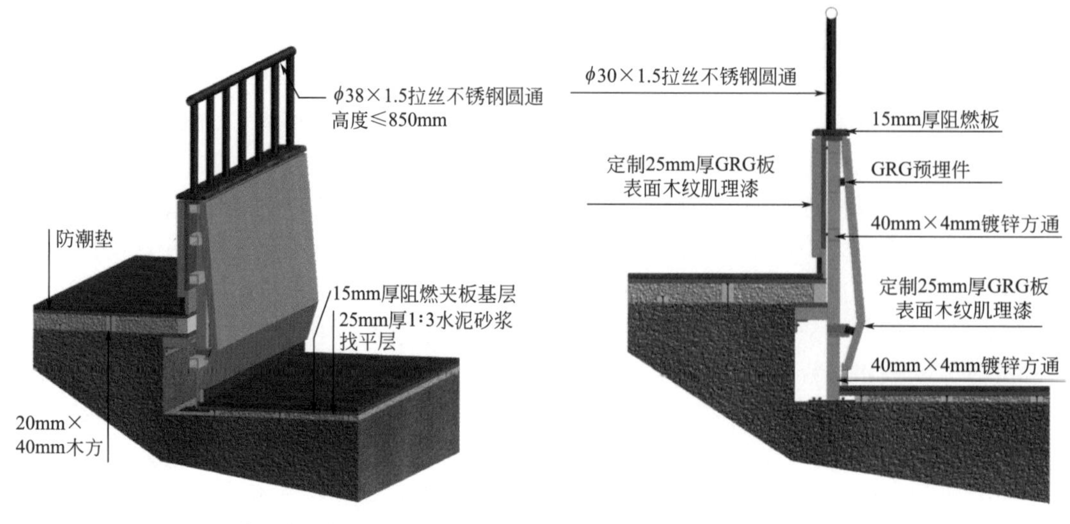

图 4.5-16　剧院观众厅栏杆三维视图　　　图 4.5-17　剧院观众厅栏杆剖视图

4.5.9　座椅施工

1. 适用范围

适用于剧院类项目观众厅座椅的安装施工。

2. 质量要求

（1）观众厅的坐席应紧凑，应满足视线、排距、扶手中距、疏散等要求。

（2）观众厅座椅应满足声学设计的要求。座椅的底面宜做吸声处理，底面选用穿孔板。

（3）座椅翻动时应有阻尼装置，不产生噪声。

（4）剧场应设置有靠背的固定座椅。

（5）座椅扶手中距，硬椅不应小于 0.50m，软椅不应小于 0.55m。

（6）座中距不均匀误差不应大于±8mm，相邻两位不整齐误差不应大于 10mm，整排（30 座内）的不整齐误差不应大于 40mm。排距误差不应大于 30mm。

3. 工艺流程

基层清理→安装扶手和侧板→安装座椅→安装椅背

4. 精品要点

（1）剧院座椅分单脚落地（独脚落地）和扶手站脚落地（站脚直接与扶手架相连接）两种，根据设计要求选用。

（2）根据场地及设计要求确定座椅的排布方法：

短排法：硬椅不应小于 0.80m，软椅不应小于 0.90m，台阶式地面排距应适当增大，椅背到后面一排最突出部分的水平距离不应小于 0.30m。

长排法：硬椅不应小于 1.00m；软椅不应小于 1.10m，台阶式地面排距应适当增大，椅背到后面一排最突出部分水平距离不应小于 0.50m。

（3）根据座位排布要求，确定座椅扶手立柱的固定位置及座椅扶手的宽度，即扶手一侧外沿到另一侧扶手内沿的距离。

（4）安装扶手立柱时，采用配套膨胀螺栓固定扶手立柱，扶手向前，安装扶手两侧的侧板；

（5）安装坐垫，坐垫安装带有阻尼设置，能够自动回弹，坐垫回弹要与地面垂直；

（6）安装椅背，椅背临时固定后要重新检测座椅扶手中心距是否偏差，背板是否平衡，及时进行调整。

5. 示意图

示意图见图 4.5-18～图 4.5-21。

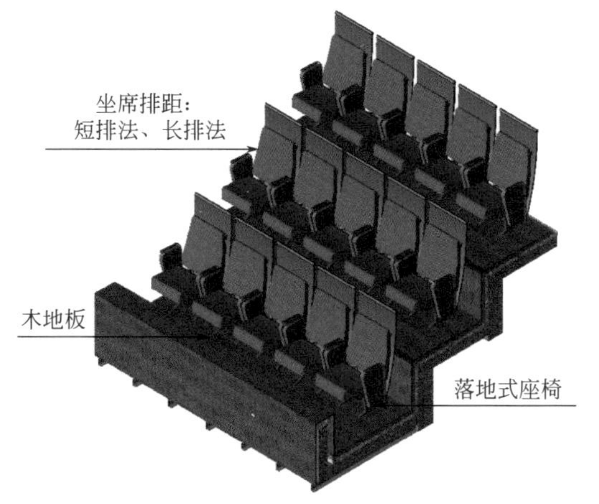

图 4.5-18　剧院观众厅座椅排布三维视图

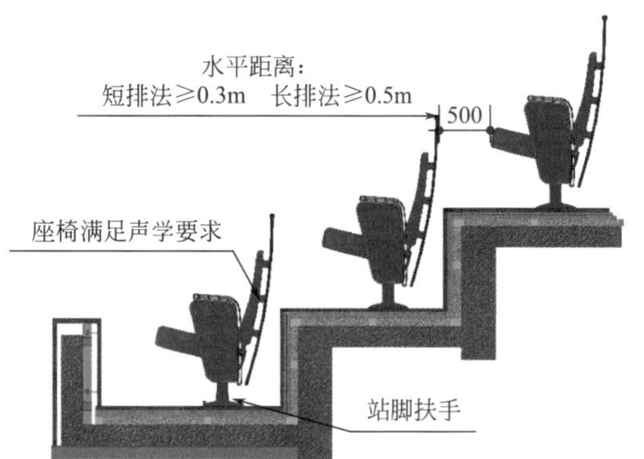

图 4.5-19　剧院观众厅座椅排布剖视图

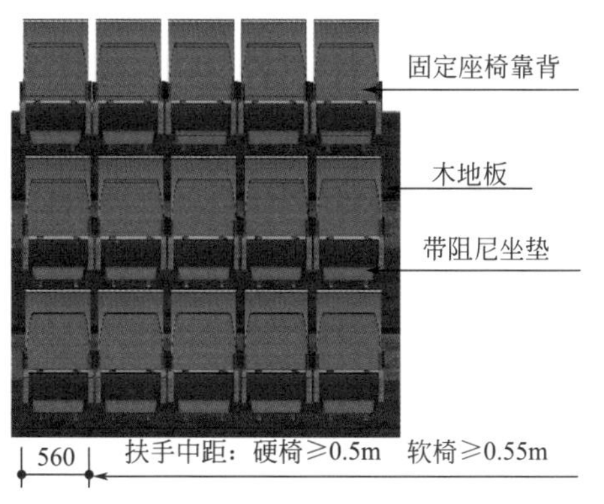

图 4.5-20　剧院观众厅座椅排布正视图

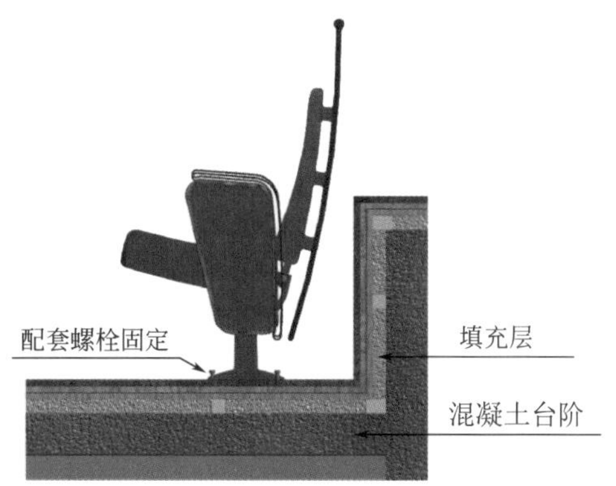

图 4.5-21　剧院观众厅座椅节点图

第5章

剧院剧场——通风与空调

5.1 一般规定

（1）风管的材质和厚度等应符合设计要求和规范规定，安装前确定与土建墙顶做法是否有冲突的地方。

（2）风管支吊架定位、测量放线和制作加工应指定专人负责，确保吊杆的垂直度和水平成线。

（3）矩形风管弯管宜采用曲率半径为一个平面边长、内外同心弧的形式。当采用其他形式的弯管，且平面边长大于500mm时，应设弯管导流片。

（4）风管安装前后应有保证风管内外壁整洁无污染的保护措施。

（5）风阀应安装在便于操作及检修的部位；安装后，手动或电动操作装置应灵活可靠，阀板关闭应严密。

（6）风机的调节阀应有单独的支撑。风管与风机连接时，法兰面应对中贴平，不应硬拉使设备受力。

（7）安装风口前要仔细对风口进行检查，看有无损坏、表面有无划痕等缺陷，且风口不应直接安装在主风管上，风口与主风管间应通过短管连接。

（8）支吊架不得设置在风口、阀门、检查门及自控机构处，离风口或插接管的距离不宜小于200mm。

（9）法兰垫料不得漏垫，不得凹内，不得凸外，要敷设平整。法兰四角处要填实。

（10）风管末端加固定支架。固定支架角钢的迎人面必须是平面。

（11）分支管与主管连接采用联合咬口，并在连接处用密封胶密封以防漏风。

（12）当风管长边尺寸超过450mm时，为了加强法兰及风管的强度，需使用法兰固定卡。

（13）风管垂直安装，间距不应大于4m，每根立管的固定件不应少于2个。

（14）共板法兰风管应在法兰角处、支管与主管连接处的内外都进行密封。低压风管应在风管结合部折叠处向管内40～50mm处进行密封。法兰密封条宜安装在靠近法兰外侧或法兰的中间。法兰密封条在法兰端面重合时，重合30～40mm。

（15）共板法兰风管法兰4个法兰角的连接须用密封胶密封防漏，联合咬口离法兰角向下 60mm 的地方须用密封胶密封防漏，密封胶应设在风管的正压侧。

（16）空调水管道与设备间应有可靠软连接，系统正式运行前软连接必须采用有效固定限位设施。

（17）空调水管道与机组连接应在管道吹扫、清洁合格后进行。

（18）空调水管道与支架间应加设木托，防止产生凝结水。

（19）空调水管道变径应采用顶平偏心变径。

（20）空调水管道水平、垂直度应满足规范要求。

（21）风管保温钉应均匀布置，其数量为底面不应少于每平方米 16 个，侧面不应少于每平方米 10 个，顶面不应少于每平方米 6 个。

（22）首行保温钉距风管或保温材料边沿的距离应小于 120mm。

（23）保温材料纵向接缝不宜设在风管底面，要求保温钉按要求放置，并牢固可靠。

（24）保温材料紧贴风管及设备表面，不得有明显突起和材料外露，包扎牢固、严密。

（25）在管道保温施工前，根据施工管道的形状，将橡塑管壳画线后，用裁纸刀将画线后的管壳剪裁成需要的形状，并将管壳从单边管壁剖开。

（26）在需要粘结的材料表面涂刷胶水时，应保证胶水涂刷的薄而均匀，待胶水干化到以手触摸不粘手为最好粘结效果。

（27）将涂刷后的管壳套入需要保温的管道，将管壳向剖口处挤压，保证管壳与管道紧密贴合。

（28）为保证保温观感效果，保温层的纵向拼缝应置于管道上部，并且相邻保温层的纵向拼缝应错开一定角度。

（29）风机吊装时，吊架及减振装置应符合设计及产品技术文件要求；减振器的选择应在风机品牌确定后经计算荷载并经设计院确认。

（30）减振器安装应牢固，吊杆垂直，与托架双母加盖母紧固，机组支座与托架连接平正紧固，并有防松动措施。

（31）风机落地安装时，根据风机中标厂家提供的设备尺寸图，确定设备基础大小及做法。根据施工现场风井、阀门及软连接长度确定设备基础定位尺寸，进行基础施工。

（32）基础验收合格后，落地式风机安装应平正牢固，风机支座与基础接触紧，应采用阻尼减振器或弹簧减振器，减振器应固定，减振及防松动措施应符合规范要求，减振器应全部明露在基础完成面上，并布置合理。

（33）与制冷机组连接的管道应在连接处一侧设置支架，管道重量不得由制冷机组承受。

（34）制冷机组应设置良好的接地。

（35）制冷机组安装完毕后应进行单机试运转调试。

5.2　规范要求

5.2.1　通风空调施工主要相关规范标准

《民用建筑供暖通风与空气调节设计规范》GB 50736—2012

《建筑防烟排烟系统技术标准》GB 51251—2017

《公共建筑节能设计标准》GB 50189—2015

《山东省工程建设标准公共建筑节能设计标准》DB37/T 5155—2019

《剧场建筑设计规范》JGJ 57—2016

《展览建筑设计规范》JGJ 218—2010

《通风与空调工程施工质量验收规范》GB 50243—2016

《声环境质量标准》GB 3096—2008

《环境空气质量标准》GB 3095—2012

《民用建筑隔声设计规范》GB 50118—2010

《室内空气质量标准》GB/T 18883—2002

《民用建筑绿色设计规范》JGJ/T 229—2010

《绿色建筑评价标准》GB/T 50378—2019

《通风与空调工程施工规范》GB 50738—2011

《建筑通风和排烟系统用防火阀门》GB 15930—2007

5.2.2 主要规范强制性条文、规定

《通风与空调工程施工质量验收规范》GB 50243—2016

3.0.1 通风与空调工程施工质量的验收除应符合本规范的规定外，尚应按批准的设计文件、合同约定的内容执行。

3.0.2 工程修改应有设计单位的设计变更通知书或技术核定。当施工企业承担通风与空调工程施工图深化设计时，应得到工程设计单位的确认。

3.0.3 通风与空调工程所使用的主要原材料、成品、半成品和设备的材质、规格及性能应符合设计文件和国家现行标准的规定，不得采用国家明令禁止使用或淘汰的材料与设备。主要原材料、成品、半成品和设备的进场验收应符合下列规定：

1 进场质量验收应经监理工程师或建设单位相关责任人确认，并应形成相应的书面记录。

2 进口材料与设备应提供有效的商检合格证明、中文质量证明等文件。

3.0.4 通风与空调工程采用的新技术、新工艺、新材料与新设备，均应有通过专项技术鉴定验收合格的证明文件。

3.0.5 通风与空调工程的施工应按规定的程序进行，并应与土建及其他专业工种相互配合；与通风与空调系统有关的土建工程施工完毕后，应由建设（或总承包）、监理、设计及施工单位共同会检。会检的组织宜由建设、监理或总承包单位负责。

3.0.6 通风与空调工程中的隐蔽工程，在隐蔽前应经监理或建设单位验收及确认，必要时应留下影像资料。

3.0.10 检验批质量验收抽样应符合下列规定：

1 检验批质量验收应按本规范附录B的规定执行。产品合格率大于或等于95%的抽样评定方案，应定为第Ⅰ抽样方案（以下简称Ⅰ方案），主要适用于主控项目；产品合格率大于或等于85%的抽样评定方案，应定为第Ⅱ抽样方案（以下简称Ⅱ方案），主要适用于一般项目。

2 当检索出抽样检验评价方案所需的产品样本量 n 超过检验批的产品数量 N 时，应对该检验批总体中所有的产品进行检验。

3 强制性条款的检验应采用全数检验方案。

3.0.11 分项工程检验批验收合格质量应符合下列规定：

1 当受检方通过自检，检验批的质量已达到合同和本规范的要求，并具有相应的质量合格的施工验收记录时，可进行工程施工质量检验批质量的验收。

2 采用全数检验方案检验时，主控项目的质量检验结果应全数合格；一般项目的质量检验结果，计数合格率不应小于 85%，且不得有严重缺陷。

3 采用抽样方案检验时，且检验批检验结果合格时，批质量验收应予以通过；当抽样检验批检验结果不符合合格要求时，受检方可申请复验或复检。

4 质量验收中被检出的不合格品，均应进行修复或更换为合格品。

3.0.12 通风与空调工程施工质量的保修期限，应自竣工验收合格日起计算两个采暖期、供冷期。在保修期内发生施工质量问题的，施工企业应履行保修职责。

4.1.2 风管制作所用的板材、型材以及其他主要材料进场时应进行验收，质量应符合设计要求及国家现行标准的有关规定，并应提供出厂检验合格证明。工程中所选用的成品风管，应提供产品合格证书或进行强度和严密性的现场复验。

4.1.5 镀锌钢板及含有各类复合保护层的钢板应采用咬口连接或铆接，不得采用焊接连接。

4.1.6 风管的密封应以板材连接的密封为主，也可采用密封胶嵌缝与其他方法。密封胶的性能应符合使用环境的要求，密封面宜设在风管的正压侧。

4.2.2 防火风管的本体、框架与固定材料、密封垫料等必须采用不燃材料，防火风管的耐火极限时间应符合系统防火设计的规定。

检查数量：全数检查。

检查方法：查阅材料质量合格证明文件和性能检测报告，观察检查与点燃试验。

4.2.3 金属风管的制作应符合下列规定：

2 金属风管的连接应符合下列规定：

1）风管板材拼接的接缝应错开，不得有十字形拼接缝。

2）金属圆形风管法兰及螺栓规格应符合《通风与空调工程施工质量验收规范 GB 50243—2016》中表 4.2.3-4 的规定，金属矩形风管法兰及螺栓规格应符合表 4.2.3-5 的规定。微压、低压与中压系统风管法兰的螺栓及铆钉孔的孔距不得大于 150mm；高压系统风管不得大于 100mm。矩形风管法兰的四角部位应设有螺孔。

3）用于中压及以下压力系统风管的薄钢板法兰矩形风管的法兰高度，应大于或等于相同金属法兰风管的法兰高度。薄钢板法兰矩形风管不得用于高压风管。

4.3.6 矩形风管弯管宜采用曲率半径为一个平面边长，内外同心弧的形式。当采用其他形式的弯管，且平面边长大于 500mm 时，应设弯管导流片。

检查数量：按Ⅱ方案。

检查方法：观察和尺量检查。

4.3.7 风管变径管单面变径的夹角不宜大于30°，双面变径的夹角不宜大于60°。圆形风管支管与总管的夹角不宜大于60°。

检查数量：按Ⅱ方案。

检查方法：尺量及观察检查。

5.2.4 防火阀、排烟阀或排烟口的制作应符合现行国家标准《建筑通风和排烟系统用防火阀门》GB 15930的有关规定，并应具有相应的产品合格证明文件。

检查数量：全数检查。

检查方法：观察、尺量、手动操作，查阅产品质量证明文件。

7.3.4 组合式空调机组、新风机组的安装应符合下列规定：

1 组合式空调机组各功能段的组装应符合设计的顺序和要求，各功能段之间的连接应严密，整体外观应平整。

2 供、回水管与机组的连接应正确，机组下部冷凝水管的水封高度应符合设计或设备技术文件的要求。

3 机组与风管采用柔性短管连接时，柔性短管的绝热性能应符合风管系统的要求。

4 机组应清扫干净，箱体内不应有杂物、垃圾和积尘。

5 机组内空气过滤器（网）和空气热交换器翅片应清洁、完好，安装位置应便于维护和清理。

检查数量：按Ⅱ方案。

检查方法：观察检查。

5.3 深化设计

5.3.1 观众席通风空调的特点

1. 空调水系统

（1）空调水系统为一次泵变频变流量水系统。对应水冷冷水机组设置三台170m³/h的冷冻水循环泵，两用一备。对应风冷冷水机组，设置三台80m³/h的冷热水循环泵，两用一备。

（2）各环路系统干管到本环路内支管回水管上设置静态平衡阀。空调机组、新风机组水管上设置比例积分电动调节阀与静态压差平衡阀。空调水系统的循环泵、补水及定压均在制冷机房统一考虑。

2. 空调风系统

（1）剧场坐席区采用单风机、二次回风系统，采用观众席座位送风（经处理后的空调送风由空调器送入坐席下方的静压箱内），风口选择的颜色及形式与精装应提前配合沟通。

（2）观众厅一采用低速风道全空气系统，气流组织采用座椅下送风，观众区采用后侧墙面回风的置换通风形式。共设2个空调系统，每个空调系统送风量为45000m³/h，空气处理机组设在负二层空调机房，直接送入位于观众席下方的空调静压箱内。每个座椅送风量为100m³/h，为避免吹冷风感，座椅下的送风柱内气流流速控制在1m/s以内，送风孔风速控制在小于等于 0.25m/s。观众区空调送风温度 20℃，送风温差 5℃，可通过座椅送风口内稳流器调节风量。

(3) 剧场的观众席区地上的中庭设置机械排风系统，排风系统考虑台数及控制方式以适应不同工况下的风量平衡，并与空调系统联合运行，新、排风量根据空调季节室内人员密集程度采用 CO_2 浓度控制方式，过渡季节时利用室外新风通风换气或“免费”供冷，节约运行费用。

3. 空调机组控制

(1) 根据回风温度与室内温度设定值偏差自动调节送风机转速，根据送风温度与设定值偏差，以 PID 调节方式自动改变空调水阀开度。供冷季当室外空气焓值低于室内空气焓值时，按最大新风比运行。室内设 CO_2 浓度监测，当室外空气焓值高于室内空气焓值时，新风量根据室内 CO_2 浓度控制，但不得高于设计最小新风量，且不得低于设计最小新风量的 50%。

(2) 空调机组、新风机组水管上设置比例积分电动调节阀与动态压差平衡阀；机组中效过滤器应予送风及连锁启停，新风阀和回风阀动作随室外空气变化调整。空调机组新风量可在总风量 10%～100%间调节，监控系统显示各个空调系统运行工况（如：房间温湿度、空调送回风温度、新风温度、冷水供回水温度及故障报警等），能根据室内空气状况和预设置空气参数自动调节送风温度和新风量，各空调机房由楼宇自控系统集中控制管理。

5.3.2 深化设计的目的

(1) 通过对系统的详细计算和校核，优化系统参数及设备选型。

(2) 根据建筑结构条件，进行各设备基础、管道支架的安装形式的设计。

(3) 通过对机电各专业管线综合排布，对设备管线精确定位、明确设备及管线细部做法，制定机电各专业之间流水工序以及和其他各施工部门间的配合。

(4) 在满足规范的前提下，合理、紧凑地布置管线，控制成本，优化系统，为业主提供最大的使用空间，以及足够的维修、检测空间。合理布置各专业管线，减少由于管线冲突造成的二次施工，弥补原设计不足，减少因此造成的各种损失。

(5) 综合协调机房及各楼层平面区域或吊顶内各专业的路由，确保在有效的空间内合理布置。

5.3.3 通风系统深化设计

(1) 通风系统深化设计时应明确各风管施工路由、安装高度以及风口位置。明确各落地风机基础的位置、吊装风机各支架的形式及机房内管线的排布。

(2) 所有预留预埋孔洞应与设计和各专业紧密配合，统一绘制预留和预埋图，并统一配合完成预留预埋工作，尽可能避免漏留和漏埋。

5.3.4 空调系统深化设计

(1) 在混凝土楼板、梁、墙上预留孔、洞、槽和预埋件时，应有专人按设计图纸对管道及设备的位置、标高尺寸进行测定，标好孔洞的部位，将预制好的模盒、预埋铁件在绑扎钢筋前按标记固定牢，盒内堵塞，在混凝土浇筑过程中应有专人配合校对，看管模盒、埋件，以免移位。

（2）各专业管道进行优化并进行综合排布，通过合并的图纸或者 BIM 建模发现各专业冲突问题。

（3）设备减振器安装时，不得引起设备的改变，在安装设备时，先用垫块和垫片做临时支座，在完全安装和满负运行后调整减振器，以便可以把负载从临时支座转移到减振器上，在减振器调整好后将临时支座移去。

5.4 关键节点工艺

5.4.1 预留预埋

1. 适用范围

适用于在楼板、梁、墙上所需的预留孔、槽。

2. 质量要求

（1）预留洞口位置应正确。

（2）预留洞口规格尺寸应正确。

（3）预留洞口应光滑完整、无破损。

（4）根据所穿构筑物的厚度及管径尺寸确定套管规格、长度，钢套管加工完成后内壁应做防腐处理。

3. 工艺流程

审核图纸→装饰配合→座椅定位→预留孔洞→下料→套管制作→套管安装→找正固定→端口胶带封闭

4. 精品要点

（1）DN150 以下管道的套管比管道大两个规格，DN150 及以上管道的套管比管道大一个规格。

（2）保温管道套管规格不宜过大，应以管道保温后刚好能穿过为宜。

（3）穿内墙（梁）套管长度同墙（梁）厚，穿楼板套管下口平板底，上口高出建筑完成面 20mm（用水房间需高出建筑完成面 50mm）。

（4）座椅下送风孔洞预留，提前与装饰碰好座椅位置，避免孔洞位置留错。

5.4.2 送、回风管安装

1. 适用范围

适用于材质为镀锌钢板的风管。

2. 质量要求

（1）风管支吊架定位、测量放线和制作加工应指定专人负责，确保吊杆的垂直度和水平成线。

（2）矩形风管弯管宜采用曲率半径为一个平面边长，内外同心弧的形式。当采用其他形式的弯管，且平面边长大于 500mm 时，应设弯管导流片。

（3）风管垂直安装，间距不应大于4m，每根立管的固定件不应少于2个。

（4）风口水平安装其水平度的偏差不大于3/1000，风口垂直安装其垂直度的偏差不大于2/1000。

3. 工艺流程

1）送、回风管制作流程

根据图纸画草图→下料→风管加工、压筋→倒角、咬口→折方→风管缝合→风管上角码→风管加固

2）送、回风管安装流程

加工生根槽钢→打吊筋→风管组装→风管吊装→加防晃支架→风阀安装→软连接安装→风口安装

4. 精品要点

（1）风管缝应紧密，宽度应均匀，无孔洞、半咬口和胀裂等缺陷。

（2）风管法兰连接应牢固，折角平直，圆弧均匀。

（3）风管加固应可靠，整齐，间距适宜，均匀对称。

（4）法兰内边长尺寸允许误差为1.0～3.0mm。

（5）风管平面度允许误差为±2mm。

（6）矩形法兰两对角线之差的误差为＜3mm。

（7）边长大于或等于630mm的防火阀应设独立的支、吊架；风管始末端、弯头、三通处，长度超过20m的水平悬吊风管，应设置防晃支架。

（8）风管系统的支、吊架不应设置在风口、检查口处以及阀门、自控机构的操作部位，且距风口不应小于200mm。

（9）支、吊架距风管末端不应大于1000mm，距水平弯头的起弯点间距不应大于500mm，设在支管上的支吊架距干管不应大于1200mm。

5. 示意图

示意图见图5.4-1、图5.4-2。

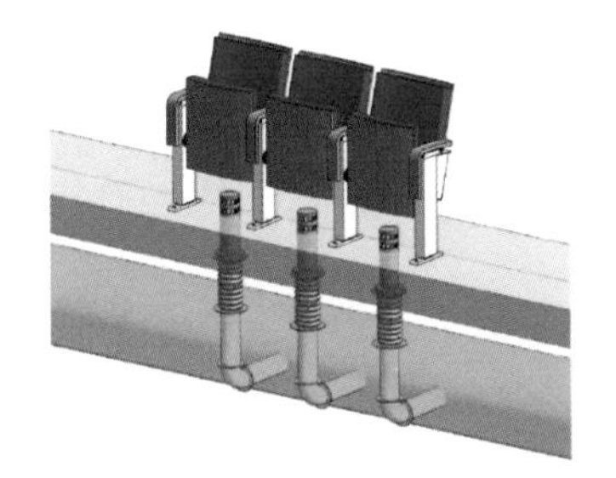

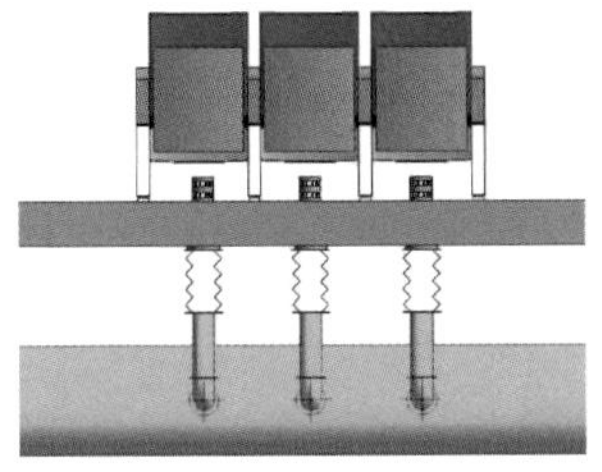

图5.4-1 观众席送风管静压箱与观众座位下送风口连接节点

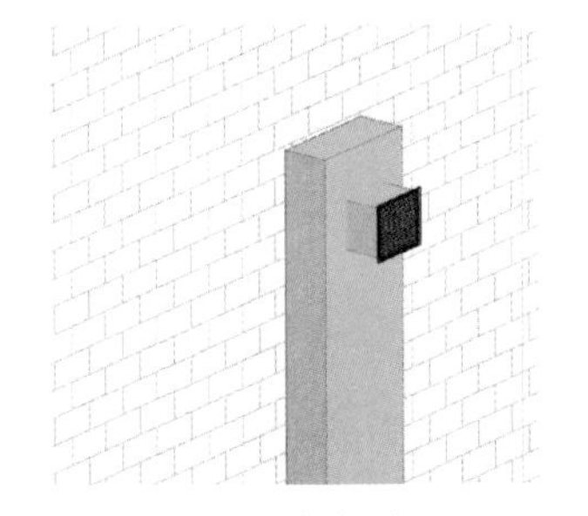

图5.4-2 观众席侧墙面回风口与回风管连接

5.4.3 空调水管安装

1. 适用范围

适用于材质为钢管的空调水系统。

2. 质量要求

（1）钢管在安装前应采用高压水枪冲洗管道内外壁，冲洗干净后方可安装。管道冲洗后，应及时擦干管道，避免管道生锈。

（2）在经过建筑的沉降缝位置处，必须使用不锈钢金属软管；管道穿越外墙、内墙、楼板和屋面时必须选择相应类型的套管。

（3）对于使用补偿器的管道，必须按照指导图纸（该指导包括用于伸缩接头的固定装置和导管以及用于阻止型钢摆动防止弯曲的支架）的要求，在伸缩的起始点安装一个固定装置和导管。

（4）管道与设备的连接应加装相应规格的软接头。

（5）管道要保持适当的坡度，便于排水和通气。

（6）管道分支或汇合时只可以使用三通，禁止使用四通。

3. 工艺流程

安装准备→支架制作→支架安装→管道加工→管道安装→试压冲洗

4. 精品要点

（1）管道螺纹连接时采用电动套丝机进行加工，加工次数为 1～4 次不等。管径 15～32mm 套 2 次；管径 40～50mm 套 3 次；管径 70mm 以上套 3～4 次。

（2）螺纹的加工应做到端正、清晰、完整光滑，不得有毛刺、断丝，缺丝总长度不得超过螺纹长度的 10%。

（3）螺纹连接时，填料采用白厚漆麻丝或四氟乙烯生料带，一次拧紧，不得回拧，紧后留有螺纹 2～3 圈。

（4）管道连接后，把挤到螺纹外面的填料清理干净，填料不得挤入管腔，以免阻塞管路，同时对裸露的螺纹进行防腐处理。

（5）管道焊接时焊缝处不得有裂纹、夹渣、气孔、砂眼等缺陷。

（6）管道坡口要求表面整齐、光洁，不合格的管口不得进行对口焊接。

（7）钢管对好口进行点固焊时，点固焊与第一层焊接厚度一致，但不超过管壁厚的 70%，其焊缝根部必须焊透，电焊位置均匀对称。

（8）采用多层焊时，在焊下一层之前，应将上一层的焊渣及金属飞溅物清理干净，各层引弧点和息弧点均错开 20mm。焊缝均满焊，焊接后立刻将焊缝上的焊渣、氧化物清除。

5. 实例或示意图

实例或示意图见图 5.4-3、图 5.4-4。

5.4.4 制冷机组安装

1. 适用范围

适用于空调水系统。

2. 质量要求

（1）基础表面应无蜂窝、裂纹、麻面、露筋，基础表面应光滑、平整；排水沟、导流槽应宽窄一致，坡度良好，预留接地体在基础上且整齐完整。

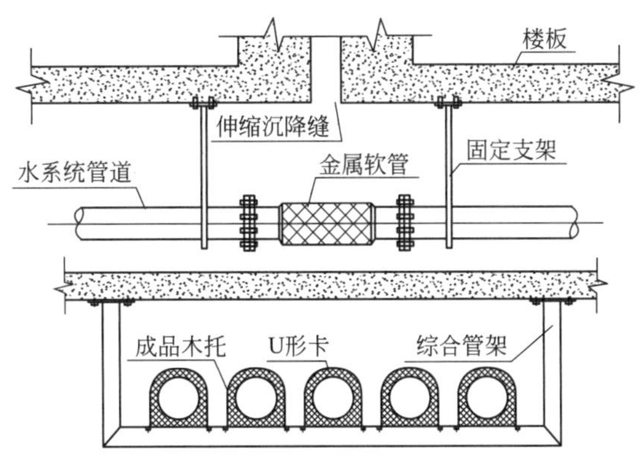

图 5.4-3 空调水管构造做法示意图

图 5.4-4 空调竖向管安装示意图

（2）设备安装牢固，排列整齐，同类型设备高度一致。

（3）减振装置选型合理，位置合理，压缩量均匀，减振效果良好。

（4）设备附件安装齐全，朝向合理一致，便于观察和操作。

3. 工艺流程

设备开箱验收→基础复核→槽钢基础安装→减振器安装→制冷机组安装→单机试运转

4. 精品要点

（1）安装前认真熟悉图纸及设备安装技术资料。

（2）机组与基础槽钢应由螺栓固定牢固。

（3）在与基础接触的安装孔和受力点处设置减振器，并用螺母固定。

（4）与机组连接的管道应在连接处一侧设置支架，管道重量不得由机组承受。

（5）机组应设置良好的接地。

（6）机组安装完毕后应进行单机试运转调试。

5.4.5 冷却塔安装

1. 适用范围

适用于空调水系统。

2. 质量要求

（1）基础表面应无蜂窝、裂纹、麻面、露筋，基础表面应光滑、平整；排水沟、导流槽应宽窄一致，坡度良好，预留接地体在基础上且整齐完整。

（2）设备安装牢固，排列整齐，同类型设备高度一致。

（3）减振装置选型合理，位置合理，压缩量均匀，减振效果良好。

（4）设备附件安装齐全，朝向合理一致，便于观察和操作。

3. 工艺流程

基础复核→加设底梁→存水盘安装→塔底安装→风机安装→填料淋水片安装→水箱安装→单机调试

4. 精品要点

（1）安装前认真熟悉图纸及设备安装技术资料。

（2）基础的每个支墩均应与设备基础图吻合，平整度应满足要求。
（3）风机安装需单独设置减振器。
（4）存水盘安装完成后应蓄水，保证不渗漏。
（5）冷却塔周边保证足够的检修空间，爬梯应焊接牢固。
（6）冷却塔金属构件及爬梯应设置良好的接地。

5.4.6 组合式空调机组安装

1. 适用范围
适用于空调水系统。
2. 质量要求
（1）基础表面应无蜂窝、裂纹、麻面、露筋，基础表面应光滑、平整；排水沟、导流槽应宽窄一致，坡度良好，预留接地体在基础上且整齐完整。
（2）设备安装牢固，排列整齐，同类型设备高度一致。
（3）减振装置选型合理，位置合理，压缩量均匀，减振效果良好。
（4）设备附件安装齐全，朝向合理一致，便于观察和操作。
3. 工艺流程
开箱检查→基础复核→设备落位→设备固定→接口密封→单机调试→漏风量检测
4. 精品要点
（1）安装前认真熟悉图纸及设备安装技术资料。
（2）校核基础的坐标位置和基础的水平度。对角线水平误差应不大于 5mm。
（3）若需要分段运输安装、分段组装，应保证连接处严密、牢固可靠。
（4）表冷器段的凝结水的引流管应畅通，凝结水不得外溢。
（5）各功能段连接一般常采用螺栓内垫闭孔海绵橡胶板、U 形卡兰内垫闭孔海绵橡胶板及插条连接等形式。
（6）安装完成后应检查空调机组各零部件的完好性，对有损伤的部件进行修复，对破损严重的要予以更换。对表冷器、加热器中碰歪的翅片应予校正，保证各风阀启闭灵活，阀叶平直。对箱体和各零部件的积尘应擦干净。
（7）机组内风机应单独设置减振装置。
5. 实例或示意图
实例或示意图见图 5.4-5、图 5.4-6。

5.4.7 防火封堵

1. 适用范围
适用于水系统、风系统的防火封堵。
2. 质量要求
（1）防火板安装后应无缺口、裂纹，外观平整美观，防火封堵材料表面应无明显的缺口、裂缝和脱落现象。
（2）防火板、防火泥、防火堵料等与管线彼此之间应结合紧密，牢固坚实，有一定的抗冲击和防振动能力。

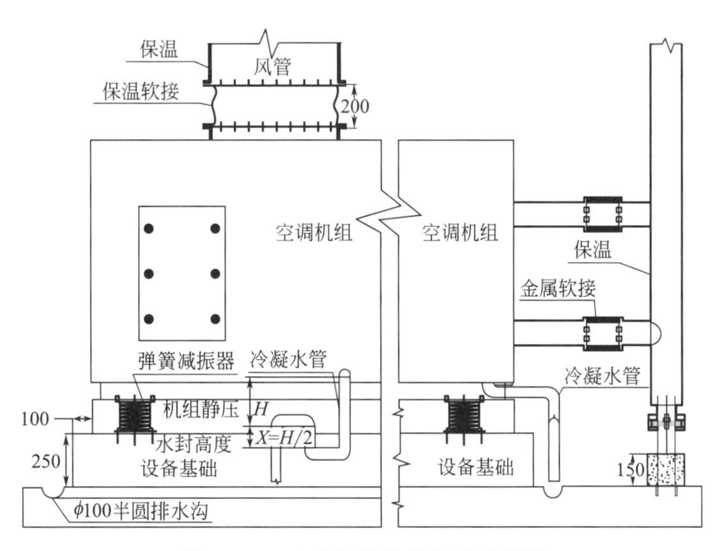

图 5.4-5 空调机组结构做法示意图

图 5.4-6 空调机组安装示意图

（3）封堵完成后用手电筒做透光实验，要保证没有光束可以贯穿封堵部位。

3. 工艺流程

1）风管防火封堵流程

套管固定→套管与结构间填充收口→套管内填塞封堵→防火板切割下料→端部封堵收口→收口塞缝

2）水管防火封堵流程

套管固定→套管与结构间填充收口→套管内填塞封堵→防火泥收口

4. 精品要点

（1）防火封堵材料必须具有国家防火建筑材料质量监督检测中心通过的合格检测报告，并取得消防产品登记备案证书。

（2）根据现场实际测量，确定洞口尺寸。根据洞口尺寸切割加工好防火板，防火板尺寸四周应比洞口大50mm，以便固定防火板。

（3）封堵时不得破坏保温层的连续性，避免造成结露冷桥。

（4）风管与套管间的间隙两端使用防火泥封口，封堵厚度不小于25mm，并抹平。

（5）防火封堵施工完成后，封堵两侧要满足不透光、不透气、不透水。

（6）套管内防火堵料应塞堵密实。

（7）套管内防火泥塞缝、捻口施工完成后，应与套管口齐平。

5.4.8 空调调试

1. 适用范围

适用于水系统调试。

2. 质量要求

（1）系统调试前由施工单位编制系统调试方案，报送监理工程师审核批准。

（2）调试所用测试仪器仪表的精度等级及量程应满足要求，性能稳定可靠并在其检定有效期内。

（3）其他专业配套的施工项目（如：给水排水、强弱电及油、汽、气等）已完成，并符合设计和施工质量验收规范的要求。

3. 工艺流程

空调水系统冲洗→水泵单机调试→冷却塔单机调试→制冷机组单机调试→水处理系统单机调试→电动蝶阀单体调试→空调水系统动态平衡电动调节阀的调试→冷冻水系统试运行→冷却水系统试运行→DDC功能调试→系统调试

4. 精品要点

1）水系统冲洗

（1）必须将末端设备及阀部件与冲洗系统完全分割开才可冲洗。

（2）采用临时泵组用于系统冲洗，不得使用永久泵组。

（3）空调水系统冲洗时，循环水泵要分阶段连续运行，每个阶段运行2h，并及时更换冲洗用水，直至出水口处浊度、色度与入水口冲洗水浊度、色度相同为止。

2）水泵单机调试

（1）各固定连接部位应无松动。

（2）检查水泵及管道系统上阀门的启闭状态，使系统形成回路。

（3）检测水泵电机对地绝缘电阻应大于0.5MΩ。

（4）启动时先“点动”，观察水泵电机旋转方向是否正确，如不符合工作要求，调换电机相序。

（5）水泵启动时应用钳形电流表测量电动机的启动电流，待水泵正常运转后，再测量电动机的运转电流，检查其电机运行功率值应符合设备技术文件的规定。

3）冷却塔单机调试

（1）清扫冷却塔内的杂物和尘垢，防止冷却水管或冷凝器等堵塞。

（2）校验冷却塔内补水、溢水的水位。

（3）检测电机绕组对地绝缘电阻应大于0.5MΩ。

（4）调整到进塔水量适当，使喷水量和吸水量达到平衡的状态。

（5）冷却塔在试运转过程中，随管道内残留的以及随空气带入的泥沙尘土会沉积到集水池底部，因此试运转工作结束后，应清洗集水池。

4）制冷机组单机调试

（1）冷水机组动力用电设备已经调试，相序检查无误。

（2）空调末端已单机调试合格，并正常运转，风阀均处于正常启闭状态。

（3）空调冷冻水、冷却水系统试压冲洗合格，稳压系统正常运行；空调冷冻水泵、冷却水泵已正常运转；冷却塔正常运转；水处理系统正常运转，管道保温合格，冷凝水系统排水通畅。

（4）机房清理干净、现场干燥无积水；机房通风设备正常运转。

（5）检查水流开关的动作情况，能动作，水流方向正确。

（6）根据设备的技术要求，现场密切配合厂家调试人员保证外部设备可靠有效工作。

（7）冷水机组通电 24h 预热后方可开机，开机由厂家专业人员操作，其他人员不可擅自开机。

5）水处理设备单机调试

（1）由生产厂家进行单机调试，安装单位调试人员进行配合。

（2）检查生产及反冲洗再生的自动控制切换。

（3）检测所生产水质的硬度、pH 值。

6）电动蝶阀单体调试

空调水系统在经确认自控系统电路连接完毕并经检验合格后，可对每个动态平衡电动调节阀分别通电，手动输入控制信号，观察电动调节阀的运转情况是否正常，测量输入信号，观察信号和阀位是否一致。进行若干次开启和关闭试验，如阀门正常工作没有问题，则可认为动态平衡电动调节阀单机试验合格。

7）空调水系统动态平衡电动调节阀的调试

对 BA 系统各个控制器及动态平衡电动调节阀通电，并进行参数的初始设定，对 PID 参数及设定温度进行设定。

8）冷冻水系统试运行

冷冻水系统清洁度要求高，因此，在清洗时要求严格、认真，冷冻水系统的清洗工作属封闭式的循环清洗，每 1～2h 排水一次，反复多次，直至水质洁净为止。水质满足要求后，开启冷水机组蒸发器、新风机组、板式换热器、风机盘管的进水阀，关闭旁通阀，进行冷冻水管路的充水工作。在充水时，要注意在系统的各个最高点的自动排气阀处进行排气。用流量计对管路的流量进行调整，系统平衡调整后，冷冻水总流量测试结果与设计流量的偏差不应大于 10%。

9）冷却水系统试运行

冲洗完毕后，系统注水，对于制冷机组应启动冷却水泵和冷却塔，系统进行试运转、排污，进行整个系统的循环。根据系统运行情况，适时调整进出水阀门的大小，观察布水系统的工作状况，如有堵塞或变形，必须及时清洗或更换，以使布水均匀，水量、水温满足设计要求。

第6章 体育馆——看台结构

6.1 一般规定

（1）看台结构应满足观众更清晰更立体地看到赛场上发生的情况，同时应具有快速疏散的条件。

（2）看台安全通道出口数量、位置设置应满足相应区域观众席容量疏散要求，设置应均匀，安全出口导向标示应设置明显、指向准确。同时应保证安全通道与出口连接顺畅，走道宽度满足疏散要求。

（3）看台座椅设置应高低错落，排布整齐，尺寸满足常规坐席要求。座椅位置应满足视线要求，排间通道宽度满足疏散需求（图6.1-1）。

（4）看台结构由混凝土结构及活动看台结构构成，活动看台为可通过控制器控制开闭，混凝土结构为梁板承载式阶梯结构。

(a)

(b)

图6.1-1　看台结构成型照片

6.2 规范要求

本条所列的是与混凝土结构施工相关的主要国家和行业标准，也是各项目施工中经常查看的规范标准。

1.《混凝土结构设计规范》（2015年版）GB 50010—2010

2.《混凝土质量控制标准》GB 50164—2011

3.《混凝土结构工程施工规范》GB 50666—2011

4.《建筑工程施工质量验收统一标准》GB 50300—2013

5.《混凝土结构工程施工质量验收规范》GB 50204—2015

6.《混凝土结构施工图平面整体表示方法制图规则和构造详图》22G101

6.3　管理规定

（1）创建精品工程应以经济、适用、美观、节能环保及绿色施工为原则，做到策划先行，样板引路，过程控制，一次成优。

（2）建立项目管理组织架构，明确各部门岗位职责及责任区域。同时根据策划内容对全员进行交底，加强过程管理。

（3）图纸下发后进行 BIM 模型搭建，检测建筑结构专业是否存在碰撞。同时，从钢筋、模板、混凝土三个分项工程进行施工模拟。

（4）分项工程施工前进行施工方案编制，确保方案可指导现场施工，方案中应加入深化节点 BIM 模型。方案编制审批通过后进行方案交底，结合 BIM 模型对班组进行技术交底。

（5）钢筋工程、模板工程、混凝土工程各专业所采用的材料、设备应有产品合格证书和性能检测报告，其品种、规格、性能等应符合国家现行产品标准和设计要求，需要进场复试的材料进行见证取样复试。

（6）分项工程施工结束后进行质量验收，不合格区域进行红牌标识，整改合格后才可进行下一分项工程施工。

（7）每一道工序施工结束后做好施工记录，严格执行三检制度。

（8）模板工程施工前采用 BIM 技术进行支撑架体排布并验算，以达到节材的同时保证工程质量的目的。

（9）钢筋工程施工时根据图集对连接方式及锚固方式进行优化，保证质量同时减少钢筋用量。

（10）混凝土施工时提前熟悉设计文件，明确各部位混凝土强度及其他参数，对高强度等级混凝土区域进行挂牌标记，明确浇筑顺序，避免高低强度等级混凝土错用。

（11）混凝土浇筑后及时进行有针对性的养护措施，水平梁板采用覆盖薄膜养护，根据季节决定是否采用洒水养护。在混凝土浇筑完毕后 12h 左右进行。覆盖薄膜要保持养护期内处于足够的湿润状态，封闭严密，防止风吹掀起或脱落；浇水养护时定时喷水，保持混凝土湿润。冬期施工需覆盖薄膜和毛毡，冬季多大风天气，覆盖区用方木等重物压好，防止毛毡被吹起。

（12）混凝土浇筑完成后根据同养试块强度情况决定拆模时机，严禁强度不合规时进行模板拆除。

6.4 深化设计

6.4.1 弧形模板深化设计

看台结构多为弧形结构，模板支设前应根据图纸定位，提前深化架体位置及下料尺寸，使用BIM软件，对看台梁、板弧形底模板进行设计，并进行编号，将同样规格的模板进行统计归类，根据施工顺序计算周转次数（图6.4-1、图6.4-2）。将最终结果反馈厂家，将模板设计信息导入数控加工系统，进行定尺定量加工，并进行编号，保证拼接严密，混凝土成型美观。

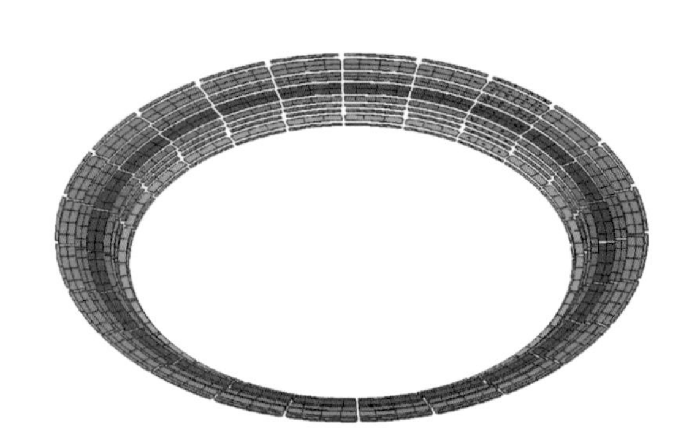

图6.4-1 看台弧形底模BIM深化

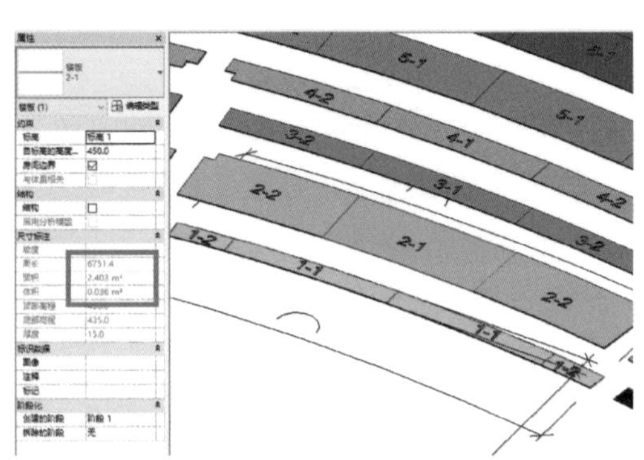

图6.4-2 看台弧形底模BIM深化信息

6.4.2 看台通风口深化设计

对于看台座椅通风风口预留定位，通过BIM技术建立洞口位置钢筋排布模型，确定每个洞口位置及周边钢筋排布（图6.4-3）。

6.4.3 柱与斜梁位置钢筋排布深化设计

看台结构框架柱与斜梁位置钢筋较为密集，根据图纸确定锚固长度及排布较为困难。故采用BIM技术对该节点进行深化，建立三维模型（图6.4-4），方便对班组进行交底，保证质量同时节约材料。

图6.4-3 看台通风口安装

图6.4-4 看台柱与斜梁钢筋BIM模拟排布

6.4.4 活动看台深化设计

座椅排布应紧凑，同时保证疏散要求（图 6.4-5）。座椅固定方式应牢固，活动座椅结构设计应合理，同时满足观众视线要求（图 6.4-6）。

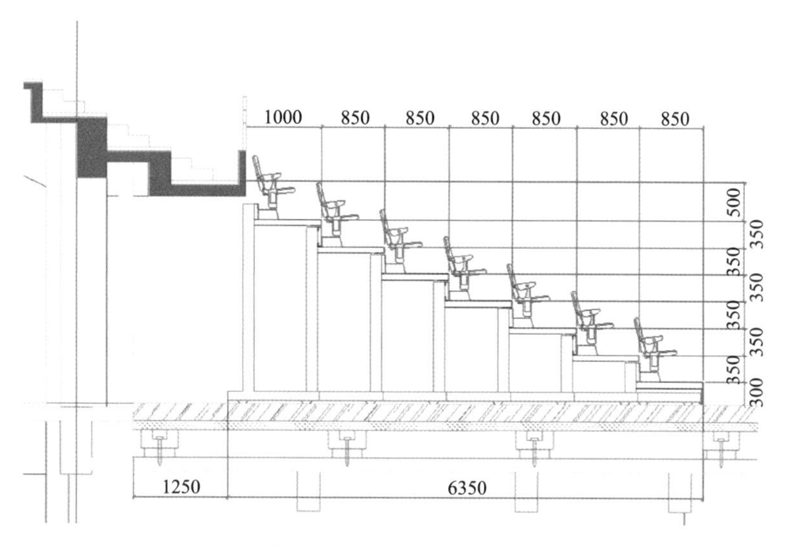

图 6.4-5 活动看台深化

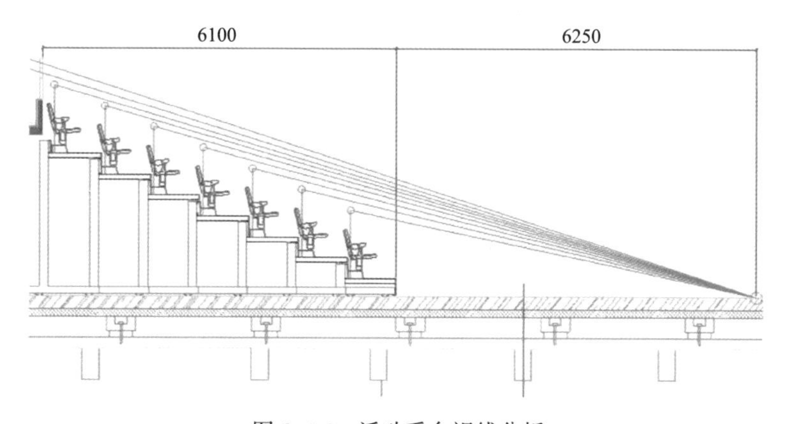

图 6.4-6 活动看台视线分析

6.5 关键节点工艺

6.5.1 框架柱

1. 适用范围

适用于体育场馆类看台框架柱工程。

2. 质量要求

（1）钢筋进场时，应按国家现行标准的规定抽取试件作屈服强度、抗拉强度、伸长率、弯曲性能和重量偏差检验，检验结果应符合相应标准的规定。钢筋检验合格后，分规格、种类架空码放整齐，并准备防雨布。

（2）钢筋从原材进场堆放、加工后的成品钢筋堆放、施工现场钢筋堆放都必须按不同规格、级别分类堆放并标识，施工现场设专人分类、发料。

（3）柱模板安装要求拼缝严密，垂直度、平整度、截面尺寸及定位误差符合图纸设计及相关规范要求。柱与梁板交界处钢筋排布应经过深化。

（4）柱模底部须加设密封材料，从而减少甚至杜绝墙柱根部混凝土跑浆烂根的出现。浇筑完成后及时覆膜、洒水养护，28d 强度符合图纸设计要求。

3. 工艺流程

测量放线（弹柱皮位置线、模板外控制线）→清理柱底浮浆到全部裸露石子→清理柱筋污渍→修整底板伸出的柱预留钢筋→将柱箍筋叠放在预留钢筋上→机械连接竖向受力筋→在柱顶绑定位框→在柱子竖向钢筋上画箍筋间距线→绑箍筋→加工柱模→安装柱模（柱箍）→安装拉杆或斜撑→校正垂直度→模板验收→混凝土进场检验→混凝土浇筑→模板拆除→养护。

4. 精品要点

1）柱钢筋安装、连接

（1）套柱箍筋：按图纸要求间距，计算好每根柱箍筋数量，先将箍筋套在下层伸出的搭接筋上，然后立柱子钢筋。

（2）机械连接竖向受力筋，柱子主筋采用机械连接，竖向钢筋接头位置应避开加密区，接头位置相互错开，质量要符合机械连接接头的相关质量要求。

（3）画箍筋间距线：在立好的柱子竖向钢筋上，按图纸要求用粉笔画箍筋间距线。

（4）柱箍筋绑扎：

① 按已划好的箍筋位置线，将已套好的箍筋往上移动，由上往下绑扎，采用缠扣绑扎。

② 箍筋与主筋要垂直，箍筋转角处与主筋交点均要绑扎，主筋与箍筋非转角部分的相交点成梅花交错绑扎。箍筋的弯钩叠合处应沿柱子竖筋交错布置，并绑扎牢固。柱箍筋端头应弯成 135°，平直部分长度不小于 10d（d 为箍筋直径）。

③ 柱上下两端箍筋应加密，加密区长度及加密区内箍筋间距应符合设计要求和《混凝土结构施工图平面整体表示方法制图规则和构造详图（现浇混凝土框架、剪力墙、梁、板）》22G101-1 的规定。如设计要求箍筋设拉筋时，拉筋应同时钩住纵筋和箍筋。

④ 柱筋保护层厚度应符合规范要求，主筋外皮为 25mm，垫块应绑在柱竖筋上，间距一般 1000mm，以保证主筋保护层厚度准确。

⑤ 浇筑混凝土前在距柱子模板上口 300mm 处临时固定定位框控制钢筋的位置。为保证柱钢筋保护层厚度及钢筋正确位置，在柱顶及柱底位置柱筋内侧各设一道定距框，定距框用 ϕ12 钢筋制作。

（5）柱顶钢筋的构造：柱顶钢筋构造符合《混凝土结构施工图平面整体表示方法制图规则和构造详图（现浇混凝土框架、剪力墙、梁、板）》22G101-1。

（6）柱钢筋的保护：加混凝土垫块、在柱顶加钢筋定位箍。

（7）柱钢筋施工注意事项：柱顶部位的钢筋交叉密集，须在钢筋绑扎前进行放样，确定交叉部位的钢筋摆放顺序，避免钢筋过密影响钢筋绑扎及下步施工。

箍筋的接头（弯钩叠合处）应交错布置在四角纵向钢筋上；箍筋转角与纵向钢筋交叉点均应扎牢（箍筋平直部分与纵向钢筋交叉点可间隔扎牢），绑扎箍筋时绑口相互间应成八字形。

2）柱模板安装

（1）安装柱模板时，应先在基础面上弹出柱控制轴线、边线及控制线，按照边线位置钉好压脚定位板再安装柱模板。

（2）柱模板安装时应留置清扫口，浇筑混凝土前将柱模内清理干净，封闭清扫口，办理检查验收手续。

（3）柱模加固时采用对拉螺栓，最低一道螺杆距底 200mm，最上一道距顶面不超过 200mm。

（4）柱模根部设置∟50×50 角钢，与模板一同加固。在放置角钢前，沿角钢底部（沿墙边线让开模板厚度）在地面上贴宽度不小于 25mm，厚度不小于 2.5mm 的海绵胶条，增加角钢底部的密封性，从而减少甚至杜绝墙柱根部混凝土跑浆烂根的出现。

3）柱混凝土浇筑

（1）确定设计混凝土强度等级、和易性、凝结时间等性能指标，满足施工要求；

（2）做好施工人员的岗前培训、技术交底和工作注意事项；

（3）确定浇筑混凝土所需的各种材料、机具、劳动力满足要求；

（4）埋件等隐蔽验收工作完成，并有完备的签字手续；

（5）模板等已进行技术复核；

（6）当墙与柱连为一体时，由于墙柱混凝土等级不同，需从设置隔离网分隔，并在墙一侧焊接定位筋加固，使其牢固，在墙柱浇筑时，先浇筑框架柱后浇筑墙体；

（7）柱振捣应使用插入式振捣器振捣，钢筋较密处应选用细长高频振捣棒。

5. 实例或示意图

示意图见图 6.5-1。

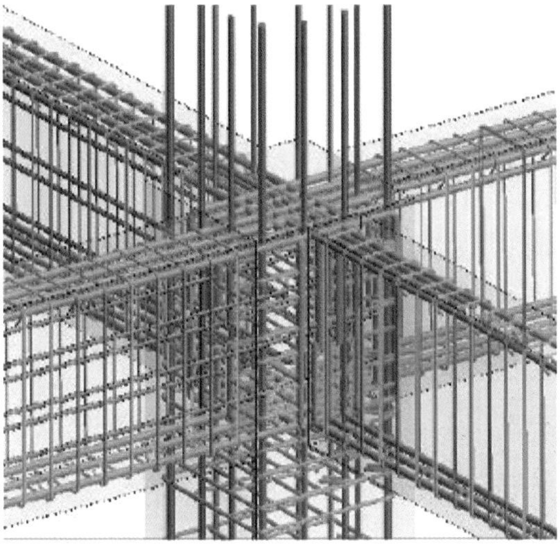

图 6.5-1 梁柱节点钢筋排布 BIM 模拟

6.5.2 阶梯混凝土施工

1. 适用范围

适用于体育场馆类项目看台结构的施工。

2. 质量要求

（1）钢筋的型号、直径、根数、间距应设置正确，特别要检查支座负弯矩筋的数量。钢筋接头的位置及接头长度应符合规定。钢筋保护层厚度应符合要求。钢筋绑扎应牢固，无松动现象。

（2）固定在模板上的预埋件和预留孔洞不得遗漏、且应安装牢固。

（3）所有模板拼缝、梁与柱、柱与梁等节点处拼缝严密，楼板缝用胶带纸贴缝，以确保混凝土不漏浆。

（4）模板安装应严格控制轴线、平面位置、标高、断面尺寸、垂直度和平整度、模板接缝隙宽度、高度、脱模剂刷涂及预留洞口、门洞口断面尺寸等的准确性。

（5）混凝土收面应进行压光处理，使其表面平滑、线条顺直，避免产生缺陷。

3. 工艺流程

测量放线→模板加工→架体搭设→模板安装→尺寸复核→钢筋安装→混凝土浇筑→表面养护→拆模→养护

4. 精品要点

（1）施工前采用BIM技术进行架体深化，根据深化情况进行立杆定位放线，确保架体符合结构施工要求，方便进行模板铺设；

（2）根据设计文件进行模板标高定位，调整架体顶托至设计标高，整体铺设完成后进行复核，存在问题部位及时整改；

（3）体育馆看台结构转角较多，转角位置模板拼缝应严密、线条应顺直；

（4）由于吊模位置较多，混凝土浇筑应选取坍落度较小的混凝土，浇筑时自下而上进行，不断连续向上推进，并及时进行振捣；

（5）吊模位置应加强支撑结构设置，防止浇筑过程中模板偏位；

（6）混凝土浇筑完成后进行收面，采用压光处理，保证看台结构面层光滑，收面结束后及时进行养护。

5. 实例或示意图

实例图见图6.5-2、图6.5-3。

图6.5-2　看台模板加固成型图片

图6.5-3　看台结构成型图片

第7章

体育馆——看台装饰

7.1 一般规定

（1）看台装饰应满足基层牢固不开裂，面层平整、排水顺畅易清扫；

（2）看台各通道口、与室内做法交接处、走道台阶等位置面层处理顺畅，斜角自然通顺；

（3）看台座椅标识清晰明确，喷涂质量高。

7.2 规范要求

本条所列的是与混凝土结构施工相关的主要国家和行业标准，也是各项目施工中经常查看的规范标准。

1.《混凝土质量控制标准》GB 50164—2011

2.《建筑工程施工质量验收统一标准》GB 50300—2013

3.《混凝土结构工程施工质量验收规范》GB 50204—2015

4.《混凝土结构施工图平面整体表示方法制图规则和构造详图》22G101

5.《砌体结构设计规范》GB 50003—2011

6.《建筑地面工程施工质量验收规范》GB 50209—2010

7.《环氧树脂地面涂层材料》JC/T 1015—2006

7.3 管理规定

（1）创建精品工程应以经济、适用、美观、节能环保及绿色施工为原则，做到策划先行，样板引路，过程控制，一次成优。

（2）建立项目管理组织架构，明确各部门岗位职责及责任区域。同时根据策划内容对全员进行交底，加强过程管理。

（3）利用BIM软件进行深化设计，优化排板。

（4）分项工程施工前进行施工方案编制，确保方案可指导现场施工，方案中应加入深化节点 BIM 模型。方案编制审批通过后进行方案交底，结合 BIM 模型对班组进行技术交底。

（5）各专业所采用的材料、设备应有产品合格证书和性能检测报告，其品种、规格、性能等应符合国家现行产品标准和设计要求，需要进场复试的材料进行见证取样复试。

（6）分项工程施工结束后进行质量验收，不合格区域进行红牌标识，整改合格后才可进行下一分项工程施工。

（7）每一道工序施工结束后做好施工记录，严格执行三检制度。

（8）分隔缝施工前采用 BIM 技术进行整体排布，保证分隔缝上下通顺连贯，布置美观。

（9）立面抹灰施工前进行专项交底，重点八字角部位施工进行强化教育。

（10）平面混凝土浇筑前，做好交底工作，平面钢筋网垫块设置到位。

（11）混凝土浇筑后及时进行有针对性的养护措施，覆盖薄膜要保持养护期内处于足够的湿润状态，封闭严密，防止风吹掀起或脱落；浇水养护时定时喷水，保持混凝土湿润。冬期施工需覆盖薄膜和毛毡，冬季多大风天气，覆盖区用方木等重物压好，防止毛毡被吹起。

（12）装饰面层施工前，基层必须达到干燥状态。

7.4 深化设计

7.4.1 分格缝深化设计

分格缝根据设计要求采用相应材料，常用为金属导流槽、成品 PVC 分格条等，在看台平面、立面贯通设置。

分格缝间距不大于 5m。二次结构踏步两侧、猫洞楼梯栏板两侧均要设置分格缝。看台平面细石混凝土和立面水泥砂浆粉刷层（包括钢丝网）必须断开，分格缝必须上下连续对齐，边线顺直、立面垂直。

7.4.2 看台标识深化设计

根据座椅、通道口位置进行标识的深化设计，确保动线统一，人员通道标识清晰明确，标识美观。

7.5 关键节点工艺

7.5.1 立面抹灰

1. 适用范围

适用于体育场馆类项目看台立面面层施工。

2. 质量要求

（1）抹灰层施工应分层施工，切忌一遍成活。

（2）砂浆面层二次抹面后加盖塑料布保水养护；干燥、湿度低或风口部位要重点加强洒水保温工作。

（3）预留风口位置应注意成品保护，不得将风口堵塞，风口处应抹平顺。

3. 工艺流程

基层处理→测设标高弧度控制点、线→冲筋→看台立面做灰饼铺钢丝网→看台立面10mm厚水泥砂浆抹灰打底→立面10mm厚水泥砂浆面层→倒角面修整→养护

4. 精品要点

（1）立面钢丝网在上级看台平面预留200mm宽钢丝网用于搭接，平面钢丝网与立面钢丝网搭接长度不小于100mm。

（2）看台立面先做10mm厚1∶2水泥砂浆基层，表面拉毛；而后做15mm厚1∶2水泥砂浆面层，表面抹平、压光；阳角做15mm的倒角面，倒角面施工质量必须严格把控，使其宽度、角度一致，保证外观整洁。

（3）为防止砂浆粘结不牢、空鼓、裂缝，可在基层喷洒防裂剂或涂刷掺108胶的素水泥浆，增加粘结作用，减少砂浆的收缩应力，提高砂浆早期抗拉强度。

5. 实例或示意图

实例或示意图见图7.5-1、图7.5-2。

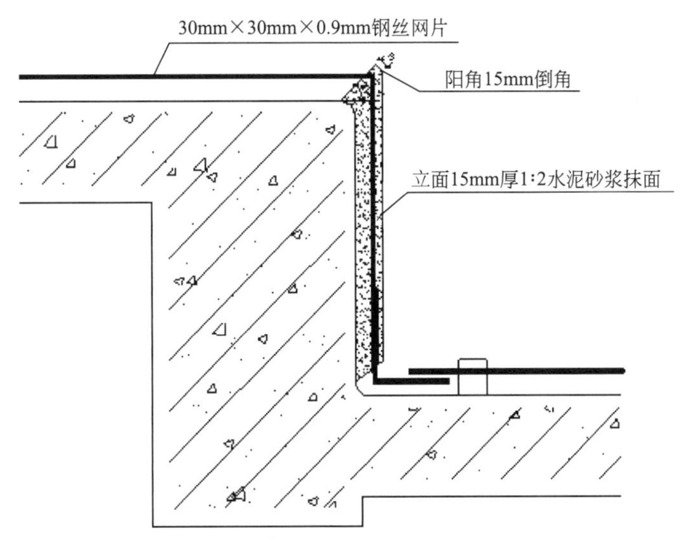

图7.5-1　阳角倒角面施工示意图

7.5.2　平面混凝土浇筑

1. 适用范围

适用于体育场馆类项目看台立面面层施工。

2. 质量要求

（1）看台立面抹灰完成，砂浆终凝之后，进行看台平面细石混凝土的浇筑。混凝土采用人工小推车运输的方式输送到指定位置，施工过程中注意成品保护，不可对已施工完成的看台立面抹灰造成破坏、污染，混凝土浇筑完成后，对看台立面沾染的混凝土浆等污染

图 7.5-2　阳角倒角面施工照片

物及时清理干净，保证看台立面观感质量。

（2）浇筑混凝土前，原看台混凝土结构面应洒水湿润，并涂刷素水泥浆一道，确保面层与基层结合紧密，避免开裂、空鼓。

（3）浇筑平面混凝土过程中应避免踩踏悬空的钢丝网，并安排专人检查钢丝网位置，如发现钢丝网被踩踏，应适当将钢丝网向上提拉，确保钢丝网上部有 15～20mm 的混凝土保护层。

（4）细石混凝土应进行保湿养护。

3. 工艺流程

基层处理→测设标高弧度控制点、线→冲筋→看台立面做灰饼铺钢丝网→看台立面 10mm 厚水泥砂浆抹灰打底→立面 10mm 厚水泥砂浆面层→倒角面修整→养护

4. 精品要点

（1）看台平面钢丝网下放置 30mm 厚垫块，间距 600mm，与面层灰饼交错布置，钢丝网固定采用在灰饼上用胶粘剂粘贴贴片挂钩的方式。

（2）看台面层混凝土浇筑时应连续进行，同一环向看台径向施工缝以分格条为分界线留置，不得在相邻两分格条之间留设。

（3）面层浇筑不得破坏立面已施工完成的倒角，若出现破坏，应及时修复。

5. 实例或示意图

实例或示意图见图 7.5-3。

图 7.5-3　看台面层混凝土施工收面效果

7.5.3　看台面层施工

1. 适用范围

适用于体育场馆类项目看台耐磨漆面层施工。

2. 质量要求

（1）使用涂料应符合设计要求和国家现行有关标准的规定，进场应提供型式检验报告、

出厂检验报告、出厂合格证；

（2）涂料进入施工现场时，应有苯、甲苯十二甲苯、挥发性有机化合物（VOC）和游离甲苯二异氰醛酯（TDI）限量合格的检测报告；

（3）涂料面层的表面不应有开裂、空鼓、漏涂和倒泛水、积水等现象；

（4）涂料找平层应平整，不应有刮痕，面层应光洁，色泽应均匀、一致，不应有起泡、起皮、泛砂等现象；

（5）砂浆基层与结构面应结合牢固，且应无空鼓和开裂。当出现空鼓时，空鼓面积不应大于 400cm^2，且每自然间或标准间不应多于 2 处。

3. 工艺流程

基层清理→涂刷界面剂→砂浆找平层施工→腻子找平层施工→表面打磨→环氧底漆滚涂→环氧砂浆施工→打磨→聚氨酯超耐磨面漆施工

4. 精品要点

（1）砂浆施工时钢筋网应满铺，网片应根据风口位置及形状提前修剪，避免后期修整破坏成品；

（2）砂浆添加剂的添加量应严格控制，防止砂浆脱落导致面层破损；

（3）通道楼梯台阶阳角采用玻璃条做内衬，两道砂浆施工结束后保证阴阳角平顺，整体线条棱角分明；

（4）底漆施工前保证基层彻底干燥，同时进行空鼓检查，空鼓位置切除后采用环氧砂浆填充；

（5）打磨后进行精细打扫，彻底清洁后方可进行面漆辊涂；

（6）漆面施工时应注意流坠现象，辊涂过程中产生流坠及时用辊筒收平，避免后期维修影响整体观感；

（7）面漆施工时重点注意阴角位置，采用细毛刷进行阴角上漆以防止面漆堆积。

5. 实例或示意图

实例或示意图见图 7.5-4～图 7.5-6。

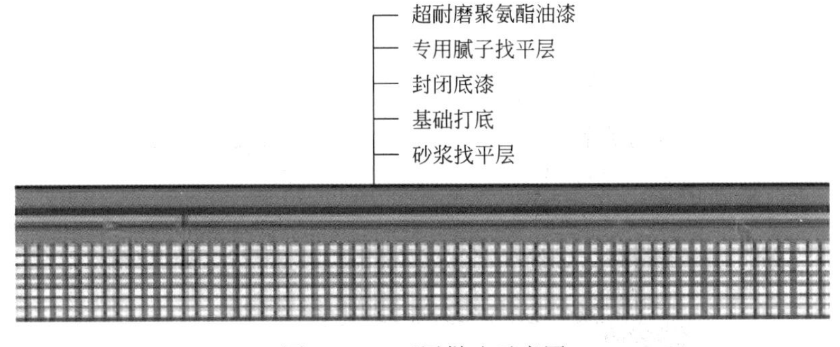

图 7.5-4　面层做法示意图

7.5.4　看台标识施工

1. 适用范围

适用于体育场馆类项目看台地面标识施工。

图 7.5-5　面层施工过程图一

图 7.5-6　面层施工过程图二

2. 质量要求

（1）涂料进入施工现场时，应有苯、甲苯十二甲苯、挥发性有机化合物（VOC）和游离甲苯二异氰醛酯（TDI）限量合格的检测报告。

（2）标识涂料应与看台面层粘结牢固，边缘界限清晰，不应有开裂、翘曲、流坠等现象。

3. 工艺流程

基层清理→模具制作→放线定位→涂料喷涂

4. 精品要点

（1）基层清理干净、无杂物、无灰尘，标识与看台面层粘结牢固，耐用不脱落。

（2）平面标识成排成线，定位准确；立面标识标高统一；标识表面平整光滑、无流坠。

（3）喷涂施工时，控制喷涂时间，保证各处标识厚度一致。

5. 实例或示意图

实例图见图 7.5-7。

图 7.5-7　看台标识

第8章

体育馆——配套附属房间

8.1 一般规定

（1）建筑装饰装修工程施工必须与水、电、空调、消防、舞台机械设备、声光等专业图纸密切配合，由装饰单位统一定位，综合排布，协调一致、成排成线、间距均匀。

（2）装饰装修工程施工前应对主要、特殊部位、主要材料等进行样板施工，并经有关各方确认。

8.2 规范要求

8.2.1 主要相关规范标准

1.《建筑工程施工质量验收统一标准》GB 50300—2013
2.《建筑装饰装修工程质量验收标准》GB 50210—2018
3.《建筑地面工程施工质量验收规范》GB 50209—2010
4.《住宅装饰装修工程施工规范》GB 50327—2001
5.《民用建筑设计统一标准》GB 5032—2019
6.《建筑内部装修设计防火规范》GB 50222—2017

8.2.2 主要规范强制性条文、规定

1.《建筑装饰装修工程质量验收标准》GB 50210—2018

7.2.1 吊顶标高、尺寸、起拱和造型应符合设计要求。

检验方法：观察；尺量检查。

7.2.2 面层材料的材质、品种、规格、图案、颜色和性能应符合设计要求及国家现行标准的有关规定。

检验方法：观察；检查产品合格证书、性能检验报告、进场验收记录和复验报告。

7.2.3 整体面层吊顶工程的吊杆、龙骨和面板的安装应牢固。

检验方法：观察；手扳检查；检查隐蔽工程验收记录和施工记录。

7.2.4　吊杆和龙骨的材质、规格、安装间距及连接方式应符合设计要求。金属吊杆和龙骨应经过表面防腐处理；木龙骨应进行防腐、防火处理。

检验方法：观察；尺量检查；检查产品合格证书、性能检验报告、进场验收记录和隐蔽工程验收记录。

7.2.5　石膏板、水泥纤维板的接缝应按其施工工艺标准进行板缝防裂处理。安装双层板时，面层板与基层板的接缝应错开，并不得在同一根龙骨上接缝。

检验方法：观察。

12.1.2　涂饰工程验收时应检查下列文件和记录：

1　涂饰工程的施工图、设计说明及其他设计文件；

2　材料的产品合格证书、性能检验报告、有害物质限量检验报告和进场验收记录；

3　施工记录。

12.1.3　各分项工程的检验批应按下列规定划分：

1　室外涂饰工程每一栋楼的同类涂料涂饰的墙面每 $1000m^2$ 应划分为一个检验批，不足 $1000m^2$ 也应划分为一个检验批；

2　室内涂饰工程同类涂料涂饰墙面每 50 间应划分为一个检验批，不足 50 间也应划分为一个检验批，大面积房间和走廊可按涂饰面积每 $30m^2$ 计为 1 间。

12.1.4　检查数量应符合下列规定：

1　室外涂饰工程每 $100m^2$ 应至少检查一处，每处不得小于 $10m^2$；

2　室内涂饰工程每个检验批应至少抽查 10%，并不得少于 3 间；不足 3 间时应全数检查。

12.1.5　涂饰工程的基层处理应符合下列规定：

1　新建筑物的混凝土或抹灰基层在用腻子找平或直接涂饰涂料前应涂刷抗碱封闭底漆；

2　既有建筑墙面在用腻子找平或直接涂饰涂料前应清除疏松的旧装修层，并涂刷界面剂；

3　混凝土或抹灰基层在用溶剂型腻子找平或直接涂刷溶剂型涂料时，含水率不得大于 8%；在用乳液型腻子找平或直接涂刷乳液型涂料时，含水率不得大于 10%，木材基层的含水率不得大于 12%；

4　找平层应平整、坚实、牢固，无粉化、起皮和裂缝；内墙找平层的粘结强度应符合现行行业标准《建筑室内用腻子》JG/T 298 的规定。

12.2.1　水性涂料涂饰工程所用涂料的品种、型号和性能应符合设计要求及国家现行标准的有关规定。

检验方法：检查产品合格证书、性能检验报告、有害物质限量检验报告和进场验收记录。

12.2.2　水性涂料涂饰工程的颜色、光泽、图案应符合设计要求。

检验方法：观察。

12.2.3　水性涂料涂饰工程应涂饰均匀、粘结牢固，不得漏涂、透底、开裂、起皮和掉粉。

检验方法：观察；手摸检查。

12.2.4 水性涂料涂饰工程的基层处理应符合本标准第12.1.5条的规定。

检验方法：观察；手摸检查；检查施工记录。

2.《建筑地面工程施工质量验收规范》GB 50209—2010

6.1.2 铺设板块面层时，其水泥类基层的抗压强度不得小于1.2MPa。

6.1.3 铺设板块面层的结合层和板块间的填缝采用水泥砂浆时，应符合下列规定：

1 配制水泥砂浆应采用硅酸盐水泥、普通硅酸盐水泥或矿渣硅酸盐水泥；

2 配制水泥砂浆的砂应符合现行行业标准《普通混凝土用砂、石质量及检验方法标准》JGJ 52的有关规定；

3 水泥砂浆的体积比（或强度等级）应符合设计要求。

6.1.4 结合层和板块面层填缝的胶结材料应符合国家现行有关标准的规定和设计要求。

6.1.5 铺设水泥混凝土板块、水磨石板块、人造石板块、陶瓷锦砖、陶瓷地砖、缸砖、水泥花砖、料石、大理石、花岗石等面层的结合层和填缝材料采用水泥砂浆时，在面层铺设后，表面应覆盖、湿润，养护时间不应少于7d。当板块面层的水泥砂浆结合层的抗压强度达到设计要求后，方可正常使用。

6.1.6 大面积板块面层的伸、缩缝及分格缝应符合设计要求。

6.1.7 板块类踢脚线施工时，不得采用混合砂浆打底。

8.3 管理规定

（1）创建精品工程应以经济、适用、美观、节能环保及绿色施工为原则，做到策划先行，样板引路，过程控制，一次成优。

（2）质量策划、创优策划工作应全面、细致，从工程质量及使用功能等方面综合考虑，明确细部做法，统一质量标准，加强过程质量管控措施，达到一次成优。

（3）采用BIM模型、文字及现场样板交底相结合的方式进行全员交底，明确施工工序、质量要求及标准做法，以确保策划的有效落地。

（4）各专业所采用的材料、设备应有产品合格证书和性能检测报告，其品种、规格、性能等应符合国家现行产品标准和设计要求。

（5）根据总进度计划，编制管井施工进度计划，全面考虑各单位施工内容及相互影响因素，合理安排工序穿插。计划中，标明各材料计划采购时间，专业分包确定材料排产及进场等关键时间节点。

（6）总承包单位应协调各施工单位合理、及时地进行工序穿插施工。

（7）加强对土建及安装施工过程质量的监督检查，确保各环节施工质量。做好专业间工作面移交检查验收工作，重点关注隐蔽内容及成品保护措施。

（8）技术复核工作至关重要，是保证每个关键节点符合要求的关键过程。各施工阶段及时对各工序涉及的重点点位进行复核、实测及纠偏，确保符合图纸及深化要求。

8.4 深化设计

8.4.1 图纸深化设计

图纸深化设计需要各专业协同工作、系统深化，做到深化排布合理、系统功能完善、观感效果美观，深化设计图需经总包、监理、业主及设计单位会签后实施。

8.4.2 瓷砖、花岗岩石材地面排布深化设计

瓷砖、花岗岩石材地面需进行合理的排板设计，尽量使用标准板材，严禁排出小于1/3板材大小的面砖。若出现非标准板块时，应做到以走道中轴线左右对称，也可采用增加串边的做法，使串边内排板为标准板块，当走道长度超过15m时应设置地面伸缩缝，伸缩缝不得设置在门洞中间。

“L”“T”“+”形走廊地面铺贴优先考虑对缝铺贴，当对缝铺贴无法实现时，可增加色带使地面为两个各自独立的铺贴单元。块材串边不得出现小块，端头排板中出现小于1/3块时，应在串边局部加长，转角处应采用45°角斜拼。

8.4.3 轻钢龙骨石膏板吊顶深化设计

轻钢龙骨石膏板吊顶与墙面收口处应留10mm宽工艺槽，吊顶工艺槽应四周贯通，墙面饰面板应通至吊顶底部。有灯槽设计的吊顶，灯槽内部需封堵并表面处理，使灯光反射均匀并且吊顶内部不出现漏光现象。

8.4.4 板块面层吊顶深化设计

板块面层吊顶排板时应优先考虑整块，若有非整块需排布在隐蔽部位，做到大面美观。避免排出小于1/2整块大小的板块，禁止出现小于1/3整块大小的板块，窗帘盒位置宜使用石膏板造型涂料饰面窗帘盒，块材吊顶需高于窗帘盒造型底部10～20mm，块材吊顶的边龙骨宜使用过“W”形离缝边龙骨，避免吊顶与墙面的阴角黑缝，同时隐蔽吊顶与墙面缝隙细微的偏差。

8.4.5 各专业顶棚综合末端点位排布设计

综合末端点位排布需同各安装专业确认末端的数量及位置要求，排板完成后，需各专业会签确认，并严格按照排板进行施工。套割开孔统一由装饰专业技术工人来开孔，由各安装单位提供开孔点位及尺寸，防止出现孔位偏斜、孔隙过大等现象。

顶棚上的灯具、喷淋、烟感、喇叭、风口等末端点位的排布应横竖成排，点位排布应匀称美观，且满足相关专业规范。

8.4.6 石材干挂墙面深化设计

干挂式安装方式，石材干挂需布置钢骨架基层，竖龙骨建议使用方管，砌体墙处的竖龙骨方管需顶天立地安装，底端固定至结构楼板，顶端固定至结构梁，横龙骨使用L50×

5mm 角钢，间距随板缝间距布置，横向需留缝的设计方案干挂件建议使用 SE 干挂件，横向密缝的设计方案干挂件建议使用交叉式（蝴蝶式）干挂件，严禁使用焊接的 T 形干挂件，过顶石材严禁直接胶粘，应使用背栓干挂式安装方式。石材横向分缝应与门窗洞口等造型呼应，门窗洞口处竖向分缝应在竖向门套线之间，双开门洞口上方竖向分缝应与洞口中线对齐。

8.4.7 木饰面墙面深化设计

木饰面分干挂式和钉粘式两种安装方式，干挂式常用做法有木挂条和金属挂件两种，当完成面小于 100mm 时建议使用 U 形弹簧卡片 C50 覆墙龙骨为基层的施工做法，完成面大于 100mm 时建议使用 75 轻钢隔墙龙骨为基层的施工做法。当木饰面高度小于 2.4m 建议横向不分缝，超过 2.4m 横向分缝应与门窗洞口等造型呼应，且横向分缝不宜出现在 1.2～2m 高度之间；门窗洞口处竖向分缝应在竖向门套线之间，双开门洞口上方竖向分缝应与洞口中线对齐。阳角拼接可使用 45°角直拼、阳角板、实木线条和金属收口条四种拼接收口方式。

8.4.8 卫生间瓷砖和顶面块材排布深化设计

卫生间排板时应优先考虑整块，若有非整块需排布在隐蔽部位，做到大面美观。避免排出小于 1/2 整块大小的面砖，禁止出现小于 1/3 整块大小的面砖。墙砖和地砖尽量采用同模数或成倍模数的材料，当顶面为块材时，顶面块材也应当采用与地砖、墙砖同模数或成倍模数的材料，使得墙面、地面、顶面形成对缝的效果。干湿分离间墙处过门石、墙面砖定尺加工，至少一侧保证对缝。卫生间的蹲便台等台阶部位铺装分格需保证与墙地砖对缝。

瓷砖排板满足要求后方可铺贴施工，排板一般包括砖缝大小、图案及色泽等，墙砖、地砖、吊顶要保持对缝一致。

8.4.9 厕所隔间、洗手盆、小便器布局深化设计

单侧厕所隔间至对面墙面的净距，当采用内开门时不应小于 1.1m，当采用外开门时不应小于 1.3m；双侧厕所隔之间的净距，当采用内开门时不应小于 1.1m，当采用外开门时不应小于 1.3m。当采用蹲便器需设置台阶时，台阶高度不宜大于 0.15m，严禁台阶高度超过 0.2m，当超过 0.2m 时应设置两级台阶。

洗手盆中心与侧墙面净距不应小于 0.55m；并列洗手盆中心间距不应小于 0.7m；单侧并列洗手盆外沿至对面墙的净距不应小于 1.25m；双侧并列洗手盆外沿之间的净距不应小于 1.8m。

并列小便器的中心距离不应小于 0.7m，小便器中心距侧墙或隔板的距离不应小于 0.35m。

8.4.10 卫生间各专业综合排布设计

在图纸深化设计时，将卫生间洁具安装在饰面砖对称、居中的位置上，上下与饰面砖缝平齐，洞口的尺寸在不影响功能的前提下可根据墙砖的排布作微调。

根据深化的地砖排布图及图纸地漏位置，将地漏微调，合理布置在瓷砖的中心位置或砖缝位置。洗脸台板上口与墙砖对齐，台板立面挡板与墙砖对齐，镜子上下水平缝对齐，两侧对称，竖缝对齐，门上口和水平缝、立框和砖模数对齐。

8.4.11 梯段和平台地面块材排布深化设计

当使用石材地面铺贴时，梯段宽度不超过1500mm，采用一整块梯段板，平台板块长宽比为1∶1～1∶1.5；短边尺寸550～600mm，通过串边进行适当调整，梯段部位也应进行串边处理，使梯段与平台协调一致。梯段板采用2块以上组拼时，单块长度以约1000mm为宜，且平台与梯段需通缝。

当使用地砖地面铺贴时，优先考虑整块，若有非整块需排布在隐蔽部位，做到大面美观。平台与梯段地砖需通缝，梯段部位的非整块需做到左右对称，且不小于1/2整块大小的面砖，或采用串边处理，保证梯段内为整块，平台处也需增加串边做法，使梯段与平台协调一致。

楼梯踏步应按设计要求设置防滑措施，可设置防滑槽或增加成品防滑条，形式符合设计或规范要求，防滑条应顺直、牢固，齿角整齐。梯段处的踢脚线建议采用马牙板，马牙板与平台处的踢脚线需衔接整齐。楼层梯段相邻踏步高度差不应大于10mm；每踏步两端宽度差不应大于10mm，旋转楼梯梯段的每踏步两端宽度的允许偏差不应大于50mm。

8.4.12 楼梯间滴水线和梯井侧口深化设计

楼梯底板应设置滴水线，滴水线与楼梯侧面同色，与楼梯底板应做分色处理。滴水线宽度10mm，每个梯段距底部50mm处设置截水槽。创优项目，还应在滴水线中部设置10mm宽水槽。

梯井石材、瓷砖厚度一致，出侧面尺寸统一：平板为10mm，立板为5mm，平板（踏步板）和立板探出部位需抛光（瓷砖使用通体砖）；涂刷涂料时，沿石材与涂料接口处贴美纹纸，涂刷后撕掉，降低交叉污染，使分色线清爽。

最底层梯段下设置3个踏步高度的垂直矮墙（约450mm）封闭后部空间，避免形成锐角夹角难以处理。

8.4.13 楼梯间栏杆深化设计

梯段处栏杆高度不低于900mm（自踏步前缘量起），垂直杆件的净距不应大于0.11m，应采用防攀爬式栏杆。

顶层水平段长度超过0.5m的平台，临空面栏杆高度不小于1.1m，且离地面10mm高度内不留空，应进行封堵。临空栏杆地面封堵可采用同栏杆材质不锈钢板，也可采用同地面材质石材或瓷砖，但此部位有踢脚线或串边板（包括紧邻的楼梯踏步串边），应选择同踢脚线、串边板材质的石材或瓷砖。

楼梯栏杆施工注意每一跑最底一个踏步处，需考虑法兰盖能够落地，防止出现法兰盖悬空的现象，最底层梯段栏杆应自第一步台阶外延300mm。

8.5 关键节点工艺

8.5.1 楼地面施工

1. 石材地面施工

1）适用范围

适用于观众休息厅、电梯厅等石材楼地面。

2）质量要求

（1）大理石、花岗石面层的表面应洁净、平整、无磨痕，且应图案清晰，色泽一致，接缝均匀，周边顺直，镶嵌正确，板块应无裂纹、掉角、缺棱等缺陷。

（2）大理石、花岗石面层所用板块产品应符合设计要求和国家现行有关标准的规定。

（3）面层与下一层应结合牢固，无空鼓（单块板块边角允许有局部空鼓，但每自然间或标准间的空鼓板块不应超过总数的5%）。

（4）满粘法施工应无空鼓、裂缝。

（5）地面石材粘贴必须牢固。

3）工艺流程

施工准备→基层清理→界面十字控制线定位→基层洒水润湿撒素水泥浆→1∶3水泥砂浆找平层→试铺→石材背刮素水泥浆→铺贴→勾缝→质量验收

4）精品要点

（1）所有石材需要做六面防护；石材现场切割后应补刷防护剂。

（2）对于有背网的大理石用作地面铺贴时，铲除背网容易对石材造成损伤，同时易破坏此部位的六面防护，因此需要采用胶粘剂对大理石背网进行喷砂处理。

（3）伸缩缝宜就近设置在梁的最大负弯矩处、开间变窄处。

5）实例或示意图

实例图见图8.5-1。

图8.5-1 石材楼地面实景图

2. 地毯地面施工

1）适用范围

适用于包厢、休息室等地毯楼地面。

2）质量要求

（1）地毯面层应采用地毯块材或卷材，以空铺法或实铺法铺设。

（2）铺设地毯的地面面层（或基层）应坚实、平整、洁净、干燥，无凹坑、麻面、起砂、裂缝，并不得有油污、钉头及其他凸出物。

（3）地毯衬垫应满铺平整，地毯拼缝处不得露底衬。

3）工艺流程

基层处理→弹线套方→分格定位→地毯裁剪→钉倒刺板条→铺衬垫→铺设地毯

4）精品要点

（1）实铺地毯面层应符合下列要求：

① 实铺地毯面层采用的金属卡条（倒刺板）、金属压条、专用双面胶带、胶粘剂等应符合设计要求；

② 铺设时，地毯的表面层宜张拉适度，四周应采用卡条固定；门口处宜用金属压条或双面胶带等固定；

③ 地毯周边应塞入卡条和踢脚线下；

④ 地毯面层采用胶粘剂或双面胶带粘结时，应与基层粘贴牢固。

（2）地毯面层采用的材料进入施工现场时，应有地毯、衬垫、胶粘剂中的挥发性有机化合物（VOC）和甲醇限量合格的检测报告。

（3）地毯表面应平服，拼缝处应粘贴牢固、严密平整、图案吻合。

5）实例或示意图

实例图见图 8.5-2、图 8.5-3。

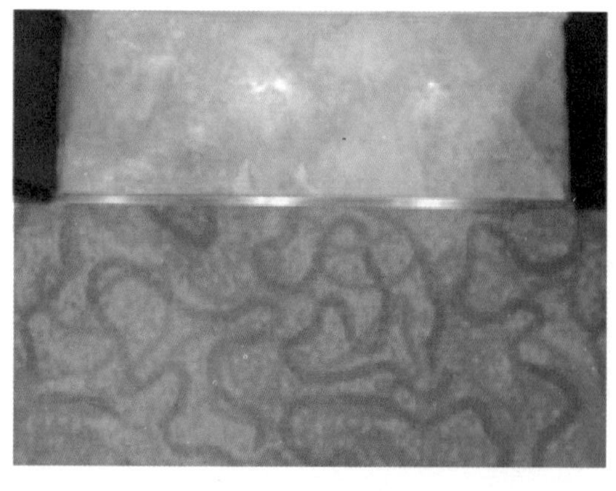

图 8.5-2　地毯门口金属压条收边实景图

图 8.5-3　地毯地面接口金属收边实景图

3. 卫生间瓷砖地面施工

1）适用范围

适用于有精装修要求的卫生间。

2）质量要求

（1）饰面砖的品种、规格、图案、颜色和性能应符合设计及国家现行有关标准的要求。

（2）板块无裂纹、缺楞、掉角等缺陷。

（3）面层与下一层应结合（粘结）牢固、无空鼓。

（4）面层坡度应符合设计要求，不倒泛水、无积水。与地漏、管道结合处应严密牢固，无渗漏。

（5）加强成品保护措施，地砖养护期间严禁上人踩踏。

3）工艺流程

检验预拌水泥砂浆、墙砖质量→选砖→实际尺寸量测→排砖及弹线→基底处理→浸砖→铺贴面砖→养护→填缝与清理→检查验收

4）精品要点

（1）应根据实际测量尺寸，按照对称、居中、对缝原则进行排板，无小于1/2窄条砖，非整砖应排在阴角处或不明显处。

（2）饰面砖应色泽一致、无色差，砖缝宽窄一致、交圈，接缝平整。

（3）卫生间地面应防滑，地漏位置合理、套割精细。

（4）地面排水坡向正确，排水坡度符合要求，排水通畅、无积水。

（5）墙、地面砖的缝隙应贯通，不应错缝。

（6）勾缝要求清晰顺直、平整光滑、深浅一致，缝应低于砖面0.5～1mm。

（7）为了提高美观性，应采取墙砖压地砖的铺贴方式，避免“朝天缝”。

5）实例或示意图

实例图见图8.5-4～图8.5-6。

图8.5-4 卫生间地砖地面示意图

图8.5-5 蹲便器居中示意图

图8.5-6 管根部地砖收口做法

4. 楼梯踏步施工

1）适用范围

适用于楼梯间瓷砖楼地面。

2）质量要求

（1）饰面砖的品种、规格、图案、颜色和性能应符合设计及国家现行有关标准的要求。

（2）饰面砖粘贴工程的找平、防水、粘结和勾缝材料及施工方法应符合设计要求及国家现行产品标准和工程技术标准的规定。

（3）浸泡砖时，将面砖清扫干净，放入净水中浸泡 2h 以上，取出待表面晾干或擦干净后方可使用。

（4）满粘法施工的饰面砖工程应无空鼓、裂缝。

（5）饰面砖粘贴必须牢固。

3）工艺流程

检验预拌水泥砂浆、墙砖质量→选砖→实际尺寸量测→排砖及弹线→基底处理→浸砖→铺贴面砖→养护→填缝与清理→检查验收

4）精品要点

（1）应根据实际测量尺寸，按照对称、居中、对缝原则进行排板，无小于 1/2 窄条砖，非整砖应排在阴角处或不明显处。

（2）楼梯平台板块长宽比为 1∶1～1∶1.5；短边尺寸 550～600mm，通过串边进行适当调整。

（3）梯段宽度不超过 1500mm 时，采用一整块梯段板。梯段板采用 2 块以上组拼时，单块长度以约 1000mm 为宜。

（4）楼梯踏步应按设计要求设置防滑措施，可设置防滑槽或增加成品防滑条，形式符合设计或规范要求，防滑条应顺直、牢固，齿角整齐。

（5）楼层梯段相邻踏步高度差不应大于 10mm；每踏步两端宽度差不应大于 10mm，旋转楼梯梯段的每踏步两端宽度的允许偏差不应大于 5mm。

（6）楼梯底板应设置滴水线，滴水线与楼梯侧面同色，与楼梯底板应做分色处理。滴水线宽度 10mm，每个梯段距底部 50mm 处设置截水槽。

5）实例或示意图

实例图见图 8.5-7～图 8.5-9。

8.5.2 墙面工程

1. 石材干挂墙面

1）适用范围

适用于电梯厅、休息厅等石材干挂墙面。

2）质量要求

（1）石板的品种、规格、颜色和性能应符合设计要求及国家现行标准的有关规定。

图 8.5-7　单块梯段实例

图 8.5-8 楼梯踏步采用成品防滑条实例

图 8.5-9 滴水线截水槽设置实景图

(2) 石板安装工程的预埋件（或后置埋件）、连接件的材质、数量、规格、位置、连接方法和防腐处理应符合设计要求。后置埋件的现场拉拔力应符合设计要求。石板安装应牢固。

(3) 石板表面应平整、洁净、色泽一致，应无裂痕和缺损。石板表面应无泛碱等污染。

(4) 石板填缝应密实、平直，宽度和深度应符合设计要求，填缝材料色泽应一致。

3）工艺流程

施工准备→埋件安装→转接件安装→钢骨架制作安装→防锈处理→隐蔽验收→石材开槽→石材安装→箱门处理→勾缝验收

4）精品要点

(1) 石材饰面板接缝，可采用密拼对接、离缝对接、磨角对接、企口对接、定型阳角等形式。倒角必须采用机械倒角，需注意石材侧面抛光。在材料计划阶段就需将倒角考虑在内，在加工厂完成倒角加工，严禁现场自行加工。

(2) 消防箱石材门要求“开门见栓”，并应保证开启角度超过 120°，主要通过控制钢门轴位置实现。

(3) 消防箱门安装前，应采用硅酸钙板或者水泥板基层粘贴 A 级防火材料，对干挂墙面与实体墙之间缝隙进行封堵。消防箱门背面采用同样方式包封，对钢架形成隐蔽。

5）实例或示意图

示意图见图 8.5-10、图 8.5-11。

图 8.5-10 石材干挂件实景图

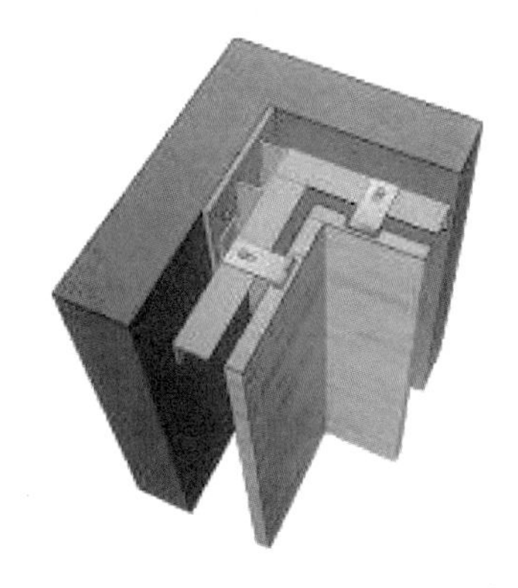

图 8.5-11 石材干挂墙面剖面示意图

2. 穿孔吸声板墙面

1）适用范围

适用于观众厅、设备房间等有吸声要求的房间墙面。

2）质量要求

（1）骨架隔墙所用龙骨、配件、墙面板、填充材料及嵌缝材料的品种、规格、性能应符合规范及防火等级要求，并有相应性能等级的检测报告。

（2）骨架隔墙工程边框龙骨必须与基体结构连接牢固，并应平整、垂直、位置正确。

（3）骨架隔墙中龙骨间距和构造连接方法应符合板块及规范要求，填充材料的设置应符合规范要求。

（4）骨架隔墙的墙面板应安装牢固，无脱层、翘曲、折裂及缺损。

（5）骨架隔墙表面应平整光滑、色泽一致、洁净、无裂缝，接缝应均匀、顺直。

（6）骨架隔墙上的孔洞、槽、盒应位置正确、套割吻合、边缘整齐。

（7）骨架隔墙内的填充材料应干燥，填充应密实、均匀、无下坠。

3）工艺流程

基层处理→弹线分格→安装轻钢龙骨→满填岩棉→安装无纺布→安装穿孔吸声板

4）精品要点

（1）基层处理：施工前将砌块墙体及混凝土顶棚表面清理干净。

（2）弹线、分格：先按50标高控制线在板底的四周墙面弹出顶棚边龙骨位置控制线，然后在顶棚板底按板块尺寸从中间向两边分格，遇到小于半块板面的应重新进行分格，弹出龙骨的网格分格线龙骨间距400mm×400mm。

墙面竖龙骨分格线与顶棚龙骨相对应排列弹线，并在东西两侧墙柱面及地面弹出墙面边龙骨位置控制线，墙面横向龙骨分格线从地面标高向上按400mm间距分格。

（3）安装轻钢边龙骨：按边龙骨位置控制线，在楼地面、顶板底及侧墙柱面上用ϕ8膨胀螺栓按间距700mm将边龙骨固定，膨胀螺栓距龙骨端部100mm。

（4）安装75竖轻钢龙骨：竖向龙骨调整好水平及垂直面后，将龙骨端部龙骨插入边龙骨，用拉铆钉与边龙骨固定连接。

（5）安装75横撑龙骨：75竖龙骨横向使用作为龙骨骨架的横向龙骨，按分格线位置将横撑龙骨与长向龙骨垂直布置，横龙骨间距400mm，用拉铆钉与长向龙骨连接并固定牢固，两端插入边龙骨内用自攻螺钉与边龙骨固定连接。

（6）满填50mm厚吸声岩棉。

（7）岩棉上罩无纺布一层。

（8）安装穿孔埃特板：安装穿孔埃特板时，墙面埃特板宜竖向铺设安装，其长边（包封边）接缝应落在竖龙骨上，板材就位后，上、下两端应与上下楼板面（下部有踢脚台的即指其台面）之间分别留出5～8mm间隙，用Φ3.5×25mm的自攻螺钉将板材与轻钢龙骨紧密连接（安装时应注意板材应错拼安装，接缝不能在同一根龙骨上）。

（9）面层处理：专用嵌缝腻子嵌缝，待嵌缝腻子干燥打磨光滑后粘贴嵌缝带，刮腻子刷乳胶漆。

5）实例或示意图

实例图见图8.5-12、图8.5-13。

图 8.5-12 吸声板墙面龙骨及填塞岩棉实例图

图 8.5-13 穿孔吸声板板缝处理实例图

3. 瓷砖墙面施工

1）适用范围

适用于卫生间、医疗室等房间墙面。

2）质量要求

（1）混凝土墙面基层处理：将凸出墙面的混凝土剔平，将残存在基层的砂浆粉渣、灰尘、油污清理干净，对表面较光滑的基体混凝土凿毛，或用掺界面剂胶的水泥细砂浆做成拉毛墙面，也可刷界面剂、并浇水湿润基层。

（2）抹灰墙面基层处理：将基层表面的灰尘和污渍清理干净，对基层的平整度、垂直度进行检查，偏差较大者采用水泥砂浆进行找平。

（3）饰面砖的品种、规格、图案、颜色和性能应符合设计及国家现行有关标准的要求。

（4）饰面砖粘贴工程的找平、防水、粘结和勾缝材料及施工方法应符合设计要求及国家现行产品标准和工程技术标准的规定。

（5）浸泡砖时，将面砖清扫干净，放入净水中浸泡 2h 以上，取出待表面晾干或擦干净后方可使用。

（6）满粘法施工的饰面砖工程应无空鼓、裂缝。

（7）饰面砖粘贴必须牢固。

3）工艺流程

检验预拌水泥砂浆、墙砖质量→选砖→实际尺寸量测→排砖及弹线→基底处理→浸砖→铺贴面砖→养护→填缝与清理→检查验收

4）精品要点

（1）应根据实际测量尺寸，按照对称、居中、对缝原则进行排板，无小于 1/2 窄条砖，非整砖应排在阴角处或不明显处。

（2）饰面砖应色泽一致、无色差，砖缝宽窄一致、交圈，接缝平整。

（3）门窗两侧应对称铺贴。

（4）水、暖、电等线、管、盒应居于板块中间或沿一边骑缝。

（5）砖缝必须严格找水平弹线，立面应垂直方正，阳角应45°倒角拼缝、拼缝严密。

（6）贴完经自检无空鼓、不平、不直后，清除缝隙里面的浮尘、杂质等，用填缝材料填缝。缝隙内勾缝剂的填嵌应密实、连续，水平缝和垂直缝相交处应处理细致。

5）实例或示意图

实例图见图8.5-14、图8.5-15。

图8.5-14　小便器具居于板块中间

图8.5-15　蹲便器具居于板块中间

4. 木饰面墙面施工

1）适用范围

适用于包厢、休息厅等木饰面墙面。

2）质量要求

（1）木板安装工程的龙骨、连接件的材质、数量、规格、位置、连接方法和防腐处理应符合设计要求。木板安装应牢固。

（2）木板的品种、规格、颜色和性能应符合设计要求及国家现行标准的有关规定。木龙骨、木饰面板的燃烧性能等级应符合设计要求。

（3）木板上的孔洞应套割吻合，边缘应整齐。

3）工艺流程

基层处理→放线定位→钢骨架下料→钢骨架焊接→隐蔽验收→基层板安装→木饰面板安装

4）精品要点

（1）按设计要求弹出标高、竖向控制线、分格线。

（2）龙骨间距应符合设计要求。当设计无要求时；横向间距宜为300mm，竖向间距宜为400mm。

（3）饰面板安装前应进行选配，颜色、木纹对接应自然协调。

（4）饰面板固定应采用射钉或胶粘接，接缝应在龙骨上，接缝应平整。

（5）镶接式木装饰墙可用射钉从凹榫边倾斜射入。安装第一块时必须校对竖向控制线。

(6) 安装封边收口线条时应用射钉固定，钉的位置应在线条的凹槽处或背视线的一侧。

5) 实例或示意图

实例或示意图见图 8.5-16～图 8.5-18。

图 8.5-16　木饰面墙面实例图

8.5.3　吊顶工程

1. 石膏板吊顶施工

1) 适用范围

适用于石膏板吊顶的观众休息厅顶面。

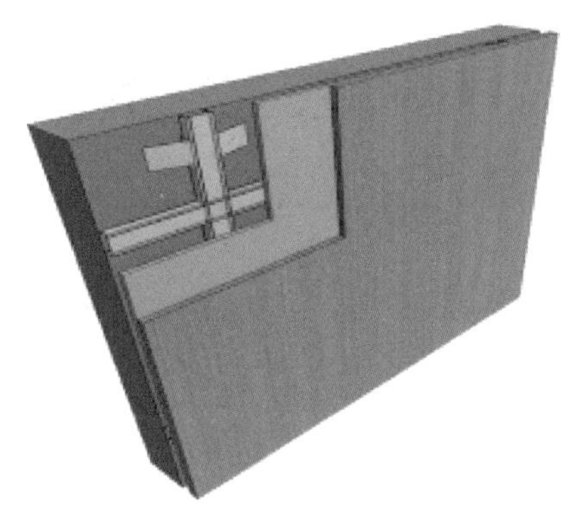

图 8.5-17　木饰面胶粘法施工示意图

图 8.5-18　木饰面干挂施工示意图

2) 质量要求

(1) 石膏板、水泥纤维板的接缝应按其施工工艺标准进行板缝防裂处理。安装双层板时，面层板与基层板的接缝应错开，并不得在同一根龙骨上接缝。

(2) 吊杆和龙骨的材质、规格、安装间距及连接方式应符合设计要求。金属吊杆和龙骨应经过表面防腐处理；木龙骨应进行防腐、防火处理。

3) 工艺流程

施工准备→测量放线→龙骨分割线→吊筋安装→主龙骨安装→副龙骨安装→隐蔽验收→石膏板安装→质量验收

4) 精品要点

(1) 石膏板吊顶单边距离超过 12m 应设置伸缩缝；双层石膏板顶棚需留 10～20mm 缝，交接长度为 30～50mm，伸缩缝边沿至吊筋间距不大于 300mm。

(2) 石膏板等整体面层吊顶顶棚四周为防止开裂，设计为工艺凹槽，石膏板与墙面连接处采用木方或者线条安装收口。石膏板吊顶边角收口采用 T 形或 F 形边龙骨，边龙骨下边略厚于单层石膏板 2mm 左右，刮腻子下口可直接找齐。

(3) 吊顶工艺槽应四周贯通，墙面饰面板应通至吊顶底部。

(4) 纸面石膏板吊顶有跌级造型时，叠级式吊顶底部的转角部位面层石膏板须整张铺设（切割成 L 形），增加斜向龙骨。不得在转角处接缝。

（5）应根据吊顶的设计标高在四周墙上弹线。弹线应清晰、位置应准确。

（6）主龙骨吊点间距、起拱高度应符合设计要求。当设计无要求时，吊点间距应小于1.2m，应按房间短向跨度的1‰～3‰起拱。主龙骨安装后应及时校正其位置标高。

（7）吊杆应通直，距主龙骨端部距离不得超过300mm。当吊杆与设备相遇时，应调整吊点构造或增设吊杆。

（8）检修口周边龙骨应做加固处理，非上人检修口下部根据检修开口大小增设覆面龙骨。上人检修口上部应四周附加一圈主龙骨，下部增设覆面龙骨，增加其稳固性。

5）实例或示意图

实例图见图8.5-19、图8.5-20。

图8.5-19 石膏板吊顶角部加固做法实景图

图8.5-20 石膏板吊顶成品检修口安装实景图

2. 铝扣板吊顶施工

1）适用范围

适用于卫生间、医疗室、更衣室等铝扣板吊顶。

2）质量要求

（1）吊顶标高、尺寸、起拱和造型应符合要求。

（2）铝扣板的材质、品种、规格、图案及颜色应符合要求及国家标准的规定。

（3）吊杆、龙骨的材质、规格、安装间距及连接方式应符合产品使用要求。金属吊杆应进行表面防锈处理。

（4）铝扣板与龙骨连接必须牢固可靠，不得松动变形。

3）工艺流程

弹标高水平线→划龙骨分档线→固定吊挂杆→安装边龙骨→安装主龙骨→安装次龙骨→罩面板安装→验收

4）精品要点

（1）铝扣板吊顶表面平整、洁净美观、色泽一致，无翘曲、凹坑、划痕。接口位置排列有序，板缝顺直、宽窄一致，套割尺寸准确、边缘整齐。

（2）铝扣板、块套割尺寸准确，边缘整齐、不漏缝，条、块排列顺直方正。

（3）吊顶安装前须完成烟感、喷淋、风口等元件的调整、定位。

（4）饰面板上的灯具等设备位置合理、整齐美观，与饰面交接吻合、严密。

5）实例或示意图

实例图见图 8.5-21、图 8.5-22。

图 8.5-21 铝扣板边龙骨实景图

图 8.5-22 铝扣板饰面实景图

8.5.4 卫生间防水施工

1. 适用范围

适用于使用涂料型防水的卫生间。

2. 质量要求

（1）吊洞施工前撕除排水立管保护膜，洞口混凝土进行凿毛处理并浇水湿润。首次浇筑至洞口体积的 2/3 处，闭水检查确保无渗漏后继续浇筑至楼板。为提高防渗漏效果，建议在吊洞完成后沿管根四周涂刷 1.5mm 厚 JS 防水涂料，涂刷范围要超过洞口边缘 5～10cm。

（2）防水基层应干净整洁、坚实平整、表面干燥，表面不得有起砂起皮、空鼓开裂等现象，阴阳角应做成圆弧或钝角。

（3）防水涂料墙面涂刷范围及高度参照设计文件施工，地面涂刷时，防水层应延伸至门洞口外边缘外侧不小于 500mm，且沿门洞口两侧 200mm 范围内上返，高度不小于 300mm。

（4）防水层验收合格后进行蓄水试验，最小蓄水高度不得小于 20mm，蓄水试验不得少于 24h，验收合格后方可进行保护层、饰面层施工。

3. 工艺流程

楼板洞口吊洞→地坪施工→清理基层→细部附加层→涂料防水涂刷→闭水试验→防水保护层→闭水试验

4. 精品要点

（1）防水涂料施工时，应注意成品保护措施，不得污染其他部位的墙面、门窗、电气线盒、暖卫管道等。

（2）精装交付的卫生间，为避免卫生间水从地砖缝沿砂浆透水层渗透到室内，造成门口附近地面及墙体返潮，应在地砖铺贴前对门口处做细部防水处理。

（3）地漏、管根、排水口根部等防渗漏重点部位，应适当增加防水层厚度，消除渗漏隐患。

（4）普通墙面防水高度不低于 300mm；被用水设施遮挡的墙面，防水高度应高于遮挡物上方 300mm，如洗手台、浴缸等；淋浴区防水高度不低于 1800mm。

（5）防水涂料施工时，同一道防水涂料涂刷方向应保持一致，每道防水层之间涂刷方向应相互垂直。

（6）防水涂层厚度需符合设计要求，每道防水涂刷均匀、无遗漏，应多道薄涂，严禁一次性涂刷过厚。

（7）应加强地砖面层勾缝质量控制，勾缝不得有遗漏，坐便、洗手台盆等立管根部与地面砖间缝隙应封堵严密，避免表层水下渗。

5. 实例或示意图

实例或示意图见图 8.5-23、图 8.5-24。

图 8.5-23　卫生间门口防渗漏细部做法示意图

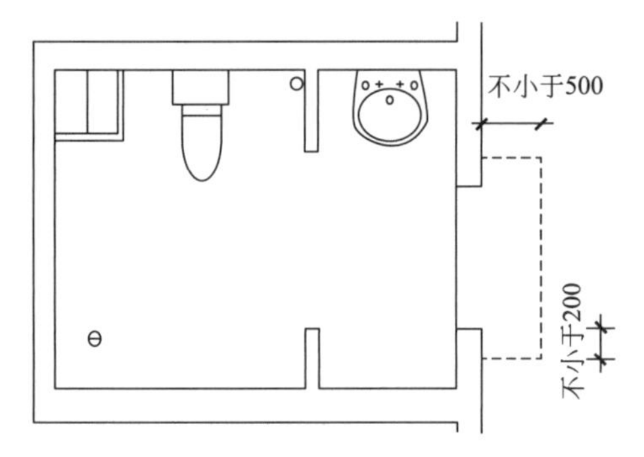

图 8.5-24　卫生间门口防渗漏细部做法示意图

8.5.5　涂料涂饰施工

1. 适用范围

适用于更衣室、楼梯间、设备间、管道井等房间墙面。

2. 质量要求

（1）水性涂料涂饰工程应涂饰均匀、粘结牢固，不得漏涂、透底、开裂、起皮和掉粉。

（2）抹灰前基层表面的尘土、污垢和油渍等应清除干净，并应洒水润湿或进行界面处理。

（3）抹灰工程应分层进行。当抹灰总厚度大于或等于 35mm 时，应采取加强措施。不同材料基体交接处表面的抹灰，应采取防止开裂的加强措施，当采用加强网时，加强网与各基体的搭接宽度不应小于 100mm。

（4）抹灰层与基层之间及各抹灰层之间应粘结牢固，抹灰层应无脱层和空鼓，面层应无爆灰和裂缝。

3. 工艺流程

基层处理→涂刷界面剂→吊垂直、贴灰饼、冲筋→底层抹灰并压入玻纤网→抹灰层粉刷石膏→养护

4. 精品要点

（1）阴阳角使用成品阴阳角条施工。施用时，在激光打线仪的指导下固定阴阳角条，然后进行墙面刮腻子施工。

（2）颜色分界部位粘贴美纹纸，防止交叉污染，保证分界线顺直、清晰。

（3）阴阳角使用成品阴阳角条施工。施用时，在激光打线仪的指导下固定阴阳角条，然后进行墙面刮腻子施工。推荐使用带网阴阳角条。

（4）顶棚涂料与墙面交界处，可将涂料向下返墙涂刷 10mm 左右进行找直，可有效提高分色线顺直度。

（5）顶棚涂料与墙、柱阴阳角交界处，当结构体不平可采用打胶、加设装饰条等措施，保证分色清晰，线角顺直。

5. 实例或示意图

实例图见图 8.5-25、图 8.5-26。

图 8.5-25 涂料墙顶柱交界面

图 8.5-26 楼梯底板分色部位下移

8.5.6 栏杆、扶手

1. 适用范围

适用于楼梯间、平台等防护栏杆。

2. 质量要求

（1）护栏和扶手所使用材料的材质、规格、数量和木材、塑料的燃烧性能等级应符合设计的要求。

（2）护栏和扶手的造型、尺寸及安装位置应符合设计要求。

（3）护栏和扶手安装预埋件的数量、规格、位置以及护栏和扶手与预埋件的连接节点应符合设计的要求。

（4）护栏高度、栏杆的间距、安装位置必须与设计的要求一致，同时要求护栏安装必须牢固。

（5）护栏的玻璃应使用公称厚度不小于 12mm 的钢化玻璃或钢化夹层玻璃。当护栏一侧距楼地面为 5m 及以上时，应使用钢化夹层玻璃。

3. 工艺流程

安装预埋件→测量放线→安装立柱→扶手与立柱连接→装配配合→打磨

4. 精品要点

1）安装预埋件

预埋件是在土建施工中安装，通常采用钢板作为埋件。钢板要保证足够厚度，钢板的下端带有锚筋，锚筋与钢板的焊接要符合焊接规范。

2）放线

由于土建施工中所安装的埋件，有可能产生误差，因此，在立柱安装之前要重新放线，以确定埋板位置的准确性。如有偏差，及时修正，应保证钢管底部全部坐落在钢板上，并且四周能够焊接。

3）安装立柱

作为立柱的钢管与钢板间采用焊接的连接方式。焊接时需要两人配合，一人扶住钢管使其保持垂直，在焊接时不能晃动。另一个人施焊，要四周施焊，并应符合焊接规范。

4）扶手与立柱连接

立柱在安装前，通过放线，根据楼梯的倾斜度及所用扶手的圆度，在其上端加工出凹槽。因此扶手安装时直接放入立柱的凹槽中。扶手钢管的安装都是从一端向另一端顺次安装，相邻扶手钢管的对接要准确，接缝要严密。相邻钢管对接好后，将接缝及立柱与扶手间接缝用不锈钢焊条进行焊接。

5）打磨除锈

焊接后用手提打磨机对钢管打磨。

5. 实例或示意图

实例图见图 8.5-27、图 8.5-28。

图 8.5-27　楼梯栏杆安装实景图

图 8.5-28　临空面栏杆加高实景图

第9章

体育馆——通风与空调

9.1 一般规定

（1）风管的材质和厚度等应符合设计要求和规范规定，安装前确定与土建墙顶做法是否有冲突的地方。

（2）风管支吊架定位、测量放线和制作加工指定专人负责，确保吊杆的垂直度和水平成线。

（3）矩形风管弯管宜采用曲率半径为一个平面边长，内外同心弧的形式。当采用其他形式的弯管，且平面边长大于500mm时，应设弯管导流片。

（4）风管安装前后应有保证风管内外壁整洁无污染的保护措施。

（5）风阀应安装在便于操作及检修的部位；安装后，手动或电动操作装置应灵活可靠，阀板关闭应严密。

（6）风机的调节阀应有单独的支撑。风管与风机连接时法兰面应对中贴平，不应硬拉使设备受力。

（7）安装风口前要仔细对风口进行检查，看有无损坏、表面有无划痕等缺陷，且风口不应直接安装在主风管上，风口与主风管间应通过短管连接。

（8）支吊架不得设置在风口、阀门、检查门及自控机构处，离风口或插接管的距离不宜小于200mm。

（9）法兰垫料不得漏垫，不得凹内，不得凸外，要敷设平整。法兰四角处要填实。

（10）风管末端加固定支架。固定支架角钢迎人面必须是平面。

（11）分支管与主管连接采用联合咬口，并在连接处用密封胶密封以防漏风。

（12）当风管长边尺寸超过450mm时，为了加强法兰及风管的强度，需使用法兰固定卡。

（13）风管垂直安装，间距不应大于4m，但每根立管的固定件不应少于2个。

（14）共板法兰风管应在法兰角处、支管与主管连接处的内外都进行密封。低压风管应在风管结合部折叠处向管内40～50mm处进行密封。法兰密封条宜安装在靠近法兰外侧或法兰的中间。法兰密封条在法兰端面重合时，重合30～40mm。

（15）共板法兰风管法兰4个法兰角连接须用密封胶密封防漏，联合咬口离法兰角向下60mm的地方须用密封胶密封防漏，密封胶应设在风管的正压侧。

（16）空调水管道与设备间应有可靠软连接，系统正式运行前软连接必须采用有效固定限位设施。

（17）空调水管道与机组连接应在管道吹扫、清洁合格后进行。

（18）空调水管道与支架间应加设木托，防止产生凝结水。

（19）空调水管道变径应采用顶平偏心变径。

（20）空调水管道水平、垂直度应满足规范要求。

（21）风管保温钉应均匀布置，其数量底面不应少于每平方米 16 个，侧面不应少于 10 个，顶面不应少于 6 个。

（22）首行保温钉距风管或保温材料边沿的距离应小于 120mm。

（23）保温材料纵向接缝不宜设在风管底面，要求保温钉按要求放置，并牢固可靠。

（24）保温材料紧贴风管及设备表面，不得有明显突起和材料外露，包扎牢固，严密。

（25）在管道保温施工前，根据施工管道的形状，将橡塑管壳画线后，用裁纸刀将画线后的管壳剪裁成需要的形状，并将管壳从单边管壁剖开。

（26）在需要粘接的材料表面涂刷胶水时应该保证薄而均匀，待胶水干化到以手触摸不粘手为最好粘结效果。

（27）将涂刷后的管壳套入需要保温的管道，将管壳向剖口处挤压，保证管壳与管道紧密贴合。

（28）为保证保温观感效果，保温层的纵向拼缝应置于管道上部，并且相邻保温层的纵向拼缝应错开一定角度。

（29）风机吊装时，吊架及减振装置应符合设计及产品技术文件要求；减振器选择应在风机品牌确定后计算荷载并经设计院确认。

（30）减振器安装应牢固，吊杆垂直，与托架双母加盖母紧固，机组支座与托架连接平正紧固，并有防松动措施。

（31）风机落地安装时，根据风机中标厂家提供的设备尺寸图，确定设备基础大小及做法。根据施工现场风井、阀门及软连接长度确定设备基础定位尺寸，进行基础施工。

（32）基础验收合格后，落地式风机安装应平正牢固，风机支座与基础接触紧，应采用阻尼减振器或弹簧减振器，减振器应固定，减振及防松动措施符合规范要求，减振器应全部明露在基础完成面上，并布置合理。

（33）室内机吊装位置应确保空调冷凝水能排出，管道安装方便且送风顺畅。

（34）室内机吊好后，一定要调整水平。水平误差不超过 1mm。

（35）室内机安装必须平衡、牢固。应单独设立支、吊架，安装高度、坡度、位置应正确。

（36）室外机基础表面应无蜂窝、裂纹、麻面、露筋，基础表面应光滑、平整；排水沟、导流槽应宽窄一致，坡度良好，预留接地体在基础上且整齐完整（图 9.1-1）。

（37）室外机设备安装牢固，排列整齐、同类型设备高度一致。

（38）室外机减振装置选型合理，位置合理，压缩量均匀，减振效果良好。

（39）制冷机组与基础槽钢应由螺栓固定牢固。

（40）与制冷机组连接的管道应在连接处一侧设置支架，管道重量不得由制冷机组承受。

（41）制冷机组应设置良好的接地。

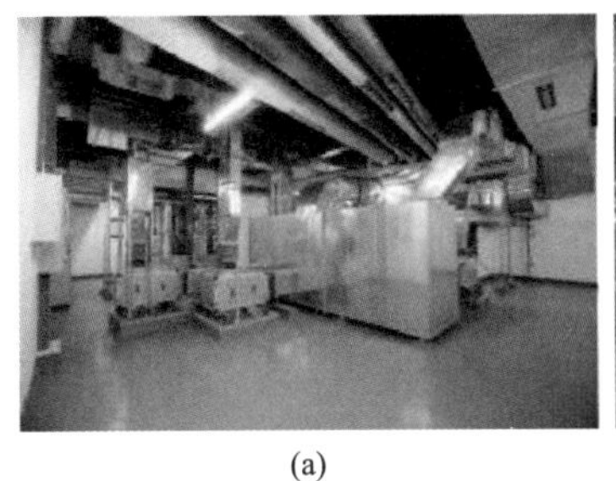

(a)

(b)

(c)

图 9.1-1 通风与空调观感效果

（42）制冷机组安装完毕后应进行单机试运转调试。

9.2 规范要求

9.2.1 通风空调施工主要相关规范标准

《民用建筑供暖通风与空气调节设计规范》GB 50736—2012
《建筑防烟排烟系统技术标准》GB 51251—2017
《公共建筑节能设计标准》GB 50189—2015
《山东省工程建设标准公共建筑节能设计标准》DB37/T 5155—2019
《剧场建筑设计规范》JGJ 57—2016
《展览建筑设计规范》JGJ 218—2010
《多联机空调系统工程技术规程》JGJ 174—2010
《通风与空调工程施工质量验收规范》GB 50243—2016
《声环境质量标准》GB 3096—2008
《环境空气质量标准》GB 3095—2012
《民用建筑隔声设计规范》GB 50118—2010
《室内空气质量标准》GB/T 18883—2002
《民用建筑绿色设计规范》JGJ/T 229—2010
《绿色建筑评价标准》GB/T 50378—2019
《通风与空调工程施工规范》GB 50738—2011

9.2.2 主要规范强制性条文、规定

《通风与空调工程施工质量验收规范》GB 50243—2016

3.0.1 通风与空调工程施工质量的验收除应符合本规范的规定外，尚应按批准的设计文件、合同约定的内容执行。

3.0.2 工程修改应有设计单位的设计变更通知书或技术核定。当施工企业承担通风与空调工程施工图深化设计时，应得到工程设计单位的确认。

3.0.3 通风与空调工程所使用的主要原材料、成品、半成品和设备的材质、规格及性能应符合设计文件和国家现行标准的规定，不得采用国家明令禁止使用或淘汰的材

料与设备。主要原材料、成品、半成品和设备的进场验收应符合下列规定：

1 进场质量验收应经监理工程师或建设单位相关责任人确认，并应形成相应的书面记录。

2 进口材料与设备应提供有效的商检合格证明、中文质量证明等文件。

3.0.4 通风与空调工程采用的新技术、新工艺、新材料与新设备，均应有通过专项技术鉴定验收合格的证明文件。

3.0.5 通风与空调工程的施工应按规定的程序进行，并应与土建及其他专业工种相互配合；与通风与空调系统有关的土建工程施工完毕后，应由建设（或总承包）、监理、设计及施工单位共同会检。会检的组织宜由建设、监理或总承包单位负责。

3.0.6 通风与空调工程中的隐蔽工程，在隐蔽前应经监理或建设单位验收及确认，必要时应留下影像资料。

3.0.10 检验批质量验收抽样应符合下列规定：

1 检验批质量验收应按本规范附录B的规定执行。产品合格率大于或等于95%的抽样评定方案，应定为第Ⅰ抽样方案（以下简称Ⅰ方案），主要适用于主控项目；产品合格率大于或等于85%的抽样评定方案，应定为第Ⅱ抽样方案（以下简称Ⅱ方案），主要适用于一般项目。

2 当检索出抽样检验评价方案所需的产品样本量n超过检验批的产品数量N时，应对该检验批总体中所有的产品进行检验。

3 强制性条款的检验应采用全数检验方案。

3.0.11 分项工程检验批验收合格质量应符合下列规定：

1 当受检方通过自检，检验批的质量已达到合同和本规范的要求，并具有相应的质量合格的施工验收记录时，可进行工程施工质量检验批质量的验收。

2 采用全数检验方案检验时，主控项目的质量检验结果应全数合格；一般项目的质量检验结果，计数合格率不应小于85%，且不得有严重缺陷。

3 采用抽样方案检验时，且检验批检验结果合格时，批质量验收应予以通过；当抽样检验批检验结果不符合合格要求时，受检方可申请复验或复检。

4 质量验收中被检出的不合格品，均应进行修复或更换为合格品。

3.0.12 通风与空调工程施工质量的保修期限，应自竣工验收合格日起计算两个采暖期、供冷期。在保修期内发生施工质量问题的，施工企业应履行保修职责。

4.1.2 风管制作所用的板材、型材以及其他主要材料进场时应进行验收，质量应符合设计要求及国家现行标准的有关规定，并应提供出厂检验合格证明。工程中所选用的成品风管，应提供产品合格证书或进行强度和严密性的现场复验。

4.1.5 镀锌钢板及含有各类复合保护层的钢板应采用咬口连接或铆接，不得采用焊接连接。

4.1.6 风管的密封应以板材连接的密封为主，也可采用密封胶嵌缝与其他方法。密封胶的性能应符合使用环境的要求，密封面宜设在风管的正压侧。

4.2.2 防火风管的本体、框架与固定材料、密封垫料等必须采用不燃材料，防火风管的耐火极限时间应符合系统防火设计的规定。

检查数量：全数检查。

检查方法：查阅材料质量合格证明文件和性能检测报告，观察检查与点燃试验。

4.2.3 金属风管的制作应符合下列规定：

2 金属风管的连接应符合下列规定：

1）风管板材拼接的接缝应错开，不得有十字形拼接缝。

2）微压、低压与中压系统风管法兰的螺栓及铆钉孔的孔距不得大于150mm；高压系统风管不得大于100mm。矩形风管法兰的四角部位应设有螺孔。

3）用于中压及以下压力系统风管的薄钢板法兰矩形风管的法兰高度，应大于或等于相同金属法兰风管的法兰高度。薄钢板法兰矩形风管不得用于高压风管。

4.3.6 矩形风管弯管宜采用曲率半径为一个平面边长，内外同心弧的形式。当采用其他形式的弯管，且平面边长大于500mm时，应设弯管导流片。

检验数量：按Ⅱ方案。

检验方法：观察和尺量检查。

4.3.7 风管变径管单面变径的夹角不宜大于30°，双面变径的夹角不宜大于60°。圆形风管支管与总管的夹角不宜大于60°。

检查数量：按Ⅱ方案。

检查方法：尺量及观察检查。

5.2.4 防火阀、排烟阀或排烟口的制作应符合现行国家标准《建筑通风和排烟系统用防火阀门》GB 15930的有关规定，并应具有相应的产品合格证明文件。

检查数量：全数检查。

检查方法：观察、尺量、手动操作，查阅产品质量证明文件。

7.3.4 组合式空调机组、新风机组的安装应符合下列规定：

1 组合式空调机组各功能段的组装应符合设计的顺序和要求，各功能段之间的连接应严密，整体外观应平整。

2 供、回水管与机组的连接应正确，机组下部冷凝水管的水封高度应符合设计或设备技术文件的要求。

3 机组与风管采用柔性短管连接时，柔性短管的绝热性能应符合风管系统的要求。

4 机组应清扫干净，箱体内不应有杂物、垃圾和积尘。

5 机组内空气过滤器（网）和空气热交换器翅片应清洁、完好，安装位置应便于维护和清理。

检查数量：按Ⅱ方案。

检查方法：观察检查。

9.2.2 管道的安装应符合下列规定：

1 隐蔽安装部位的管道安装完成后，应在水压试验，合格后方能交付隐蔽工程的施工。

2 并联水泵的出口管道进入总管应采用顺水流斜向插接的连接形式，夹角不应大于60°。

3 系统管道与设备的连接应在设备安装完毕后进行。管道与水泵、制冷机组的接口应为柔性接管，且不得强行对口连接。与其连接的管道应设置独立支架。

4 判定空调水系统管路冲洗、排污合格的条件是目测排出口的水色和透明度与入口的水对比应相近，且无可见杂物。当系统继续运行2h以上，水质保持稳定后，方可与设备相贯通。

5 固定在建筑结构上的管道支、吊架，不得影响结构体的安全。管道穿越墙体或楼板处应设钢制套管，管道接口不得置于套管内，钢制套管应与墙体饰面或楼板底部平齐，上部应高出楼层地面20～50mm，且不得将套管作为管道支撑。当穿越防火分区时，应采用不燃材料进行防火封堵；保温管道与套管四周的缝隙应使用不燃绝热材料填塞紧密。

检查数量：按Ⅰ方案。

检查方法：尺量、观察检查，旁站或查阅试验记录。

9.3 管理规定

（1）创建精品工程应以经济、适用、美观、节能环保及绿色施工为原则，做到策划先行，样板引路，过程控制，一次成优。

（2）质量策划、创优策划工作应全面、细致，从工程质量及使用功能等方面综合考虑，明确细部做法，统一质量标准，加强过程质量管控措施，达到一次成优。

（3）采用BIM模型、文字及现场样板交底相结合的方式进行全员交底，明确施工工序、质量要求及标准做法，以确保策划的有效落地。

（4）各专业所采用的材料、设备应有产品合格证书和性能检测报告，其品种、规格、性能等应符合国家现行产品标准和设计要求。

（5）根据总进度计划，编制通风与空调施工进度计划，全面考虑各单位施工内容及相互影响因素，合理安排工序穿插。计划中，标明各材料计划采购时间，专业分包确定材料排产及进场等关键时间节点。

（6）全面考虑各单位施工内容及相互影响因素，合理安排工序穿插。

（7）加强过程质量的监督检查，确保各环节施工质量。同时，做好专业间工作面移交检查验收工作，重点关注隐蔽内容及成品保护措施。

（8）技术复核工作至关重要，是保证每个关键节点符合要求的关键过程。各施工阶段应及时对各工序涉及的重点点位进行复核、实测及纠偏，确保符合图纸及深化要求。

（9）各工种穿插施工时，应有效采取护、包、盖、封等成品保护措施。

9.4 深化设计

9.4.1 深化设计

1. 空调水系统

（1）空调水系统采用冷、热水合用的两管制一次泵变流量系统，冷、热水泵均单独设置。空调末端系统变流量运行，冷冻水泵根据负荷变化自动变流量运行。两台800RT离心式制冷机组配备3台（两用一备）冷冻水泵，一台300RT螺杆式制冷机组配备2台（一用一备）冷冻水循环泵。

（2）空调水系统采用膨胀水箱对系统进行定压、补水、排气，膨胀水箱设置于屋面。空调水系统采用异程式系统，分别在集水器的回水主干管以及各层回水支管上设置静态平衡阀进行水力平衡调节。

2. 空调风系统

（1）场馆观众席采用二次回风的定风量全空气系统。空调送风采用座椅下阶梯送风的方式，气流组织为下送侧回，送风口采用阶梯旋流风口，回风口采用单层百叶风口。

（2）场馆比赛大厅（含活动座椅）采用一次回风的定风量全空气系统，气流组织为上送下回，送风管设置于桁架内，采用球形喷口上送风的方式，回风口采用单层百叶风口。

（3）比赛辅助用房、VIP包间、办公用房、会议室等房间，采用新风＋风机盘管的空调方式，便于各房间灵活调节，气流组织为上送上回。

（4）观众大厅采用定风量全空气系统，观众休息厅采用新风＋风机盘管的空调系统。

3. 空调多联机系统

（1）KTV冷热源由设于五层屋面的多联式中央空调提供，同时从综合商业系统中预留接驳口。

（2）每台室内机配设温控器，可独立进行开、关控制，运转条件设定，运转模式设定，温度设定，风向、风量切换等多重功能的设定和控制。

4. 空调机组控制

（1）全空气系统机组回水管上设置比例积分电动调节阀，根据实测送风温度与设定值的偏差，调节冷冻水供回水量，保证室内温度为设定值。组合式空调机组进风风管上设电动调节阀，电动调节与空调机组连锁启停。新风机组由设于送风总管上的温度传感器控制其回水管上的电动调节阀的开启度来调节送风温度；进风风管上设电动调节阀，电动调节与新风机组连锁启停。风机盘管由室内温控器根据所设定的室内温度控制其回水管上的电动二通阀的开关，保证室内温度为设定值。空调水系统的供回水温度、压差及冷水机组、各类水泵、冷却塔（风机）运行状况需进行监控。

（2）为方便运行管理、节约能源，对空调系统、集中冷热源实施中央监控，空调自动控制系统作为BA系统的一个子系统纳入整个楼宇自控系统中，空调自控主要内容有：系统的运行管理、冷热源及空调设备的自动启停机、负荷调节及工况的转换、设备的自动保护、故障诊断、参数及设备状态的检测、显示等。

9.4.2 深化设计的目的

（1）通过对系统详细计算和校核，优化系统参数及设备选型。

（2）根据建筑结构条件，进行各设备基础、管道支架的安装形式的设计。

（3）通过对机电各专业管线综合排布，对设备管线精确定位，明确设备及管线细部做法，制定机电各专业之间流水工序以及和其他各施工部门间的配合。

（4）在满足规范的前提下，合理、紧凑地布置管线，控制成本，优化系统，为业主提供最大的使用空间，以及足够的维修、检测空间。合理布置各专业管线，减少由于管线冲突造成的二次施工，弥补原设计不足，减少因此造成的各种损失。

（5）综合协调机房及各楼层平面区域或吊顶内各专业的路由，确保在有效的空间内合理布置各专业的管线，以保证吊顶的高度，同时保证机电各专业的有序施工。合理布置各专业机房的设备位置，保证设备的运行维修、安装等工作有足够的平面空间和垂直空间。综合排布机房及各楼层平面区域内机电各专业管线，协调机电与土建、精装修专业的施工冲突。确定管线和预留洞的精确定位，减少对结构施工的影响。

（6）在施工阶段根据现场情况进行平面施工图纸和BIM模型的实时调整，已达到竣工图的及时性和准确性。

（7）深化设计需要各专业协同工作、系统深化，做到深化排布合理、系统功能完善、观感效果美观，深化设计图需经总包、监理、业主及设计单位会签后实施。

9.4.3 通风系统深化设计

（1）通风系统深化设计时明确各风管施工路由、安装高度以及风口位置。明确各落地风机基础的位置、吊装风机各支架的形式及机房内管线的排布。

（2）所有预留预埋孔洞应与设计和各专业紧密配合，统一绘制预留和预埋图，并统一配合完成预留预埋工作，尽可能避免漏留和漏埋。

9.4.4 空调系统深化设计

（1）在混凝土楼板、梁、墙上预留孔、洞、槽和预埋件时应有专人按设计图纸将管道及设备的位置、标高尺寸测定，标好孔洞的部位，将预制好的模盒、预埋铁件在绑扎钢筋前按标记固定牢，盒内堵塞，在混凝土浇筑过程中应有专人配合校对，看管模盒、埋件，以免移位。

（2）各专业管道进行优化并进行综合排布，通过合并的图纸或者BIM建模发现各专业冲突问题。

（3）设备减振器安装时，不得引起设备的改变，在安装设备时，先用垫块和垫片做临时支座，在完全安装和满负运行后调整减振器，以便可以把负载从临时支座转移到减振器上，在减振器调整好后将临时支座移去。

9.5 关键节点工艺

9.5.1 预留预埋

1. 适用范围

适用于在楼板、梁、墙上所需的预留孔、槽。

2. 质量要求

（1）预留洞口位置应正确。

（2）预留洞口规格尺寸应正确。

（3）预留洞口应光滑完整，无破损。

（4）根据所穿构筑物的厚度及管径尺寸确定套管规格、长度，钢套管加工完成后内壁做防腐处理。

3. 工艺流程

审核图纸→装饰配合→座椅定位→预留孔洞→下料→套管制作→套管安装→找正固定→端口胶带封闭

4. 精品要点

（1）DN150 以下管道套管比管道大两个规格，DN150 及以上管道套管比管道大一个规格。

（2）保温管道套管规格不宜过大，应以管道保温后刚好能穿过为宜。

（3）穿内墙（梁）套管长度同墙（梁）厚，穿楼板套管下口平板底，上口高出完成面20mm（用水房间需高出建筑完成面 50mm）。

（4）座椅下送风孔洞预留，提前与装饰确定好座椅位置，避免孔洞位置留错。

9.5.2 送、回风管安装

1. 适用范围

适用于材质为镀锌钢板的风管。

2. 质量要求

（1）风管支吊架定位、测量放线和制作加工应指定专人负责，确保吊杆的垂直度和水平成线。

（2）矩形风管弯管宜采用曲率半径为一个平面边长，内外同心弧的形式。当采用其他形式的弯管，且平面边长大于 500mm 时，应设弯管导流片。

（3）风管垂直安装，间距不应大于 4m，但每根立管的固定件不应少于 2 个。

（4）风口水平安装其水平度的偏差不大于 3/1000，风口垂直安装其垂直度的偏差不大于 2/1000。

3. 工艺流程

1）送、回风管制作流程

根据图纸画草图→下料→风管加工、压筋→倒角、咬口→折方→风管缝合→风管上角码→风管加固

2）送、回风管安装流程

加工生根槽钢→打吊筋→风管组装→风管吊装→加防晃支架→风阀安装→软连接安装→风口安装

4. 精品要点

（1）风管缝应紧密，宽度应均匀，无孔洞、半咬口和胀裂等缺陷。

（2）风管法兰连接应牢固，折角平直，圆弧均匀。

（3）风管加固应可靠、整齐，间距适宜，均匀对称。

（4）当风管大边尺寸≤300mm 时，允许误差在 0～1mm；当风管大边尺寸＞300mm 时，允许误差为 0～2mm。

（5）法兰内边长尺寸允许误差为 1.0～3.0mm。

（6）风管平面度允许误差为±2mm。

（7）矩形法兰两对角线之差的误差为＜3mm。

（8）边长大于或等于 630mm 的防火阀应设独立的支、吊架；风管始末端、弯头、三

通处和长度超过 20m 的水平悬吊风管，应设置防晃支架。

（9）风管系统的支、吊架不应设置在风口、检查口处以及阀门、自控机构的操作部位，且距风口不应小于 200mm。

（10）支、吊架距风管末端不应大于 1000mm，距水平弯头的起弯点间距不应大于 500mm，设在支管上的支吊架距干管不应大于 1200mm。

9.5.3 防火封堵

1. 适用范围

适用于水系统、风系统防火封堵。

2. 质量要求

（1）防火板安装后应无缺口、裂纹，外观平整美观，防火封堵材料表面应无明显的缺口、裂缝和脱落现象。

（2）防火板、防火泥、防火堵料等与管线彼此之间应结合紧密，牢固坚实，有一定的抗冲击和防振动能力。

（3）封堵完成后用手电筒做透光试验，要保证没有光束可以贯穿封堵部位。

3. 工艺流程

1）风管防火封堵流程

套管固定→套管与结构间填充收口→套管内填塞封堵→防火板切割下料→端部封堵收口→收口塞缝

2）水管防火封堵流程

套管固定→套管与结构间填充收口→套管内填塞封堵→防火泥收口

4. 精品要点

（1）防火封堵材料必须具有国家防火建筑材料质量监督检测中心通过的合格检测报告，并取得消防产品登记备案证书。

（2）根据现场实际测量，确定洞口尺寸。根据洞口尺寸切割加工好防火板，防火板尺寸四周应比洞口大 50mm，以便固定防火板。

（3）封堵时不得破坏保温层连续性，避免造成结露冷桥。

（4）风管与套管间间隙两端做防火封口，封堵厚度不小于 25mm 并抹平。

（5）防火封堵施工完成后，封堵两侧要满足不透光、不透气、不透水。

（6）套管内防火堵料应塞堵密实。

（7）套管内防火泥塞缝、捻口施工完成后，应与套管口齐平。

5. 实例或示意图

示意图见图 9.5-1。

图 9.5-1　水管封堵示意图

9.5.4 钢结构风管滑移

1. 适用范围

适用于大型风管（管道、管线、桥架等）安装于高空的钢结构网架内的施工。

2. 质量要求

(1) 原材料质量控制：原材料需满足国标要求，板材、型材和螺栓等材料防腐要求热镀锌或以上工艺处理，材料不合格严禁进库使用。

(2) 严格执行先设计后施工程序：根据优化图纸和BIM排板图，结合现场结构实际空间专业人员确认后方可加工风管，确保一次成型，拒绝返工。

(3) 施工过程质量控制：对每一节风管的规格尺寸、标高、水平位置、连接密实进行现场复核。

3. 工艺流程

施工准备→各专业材料准备→第一榀钢构组装/风管支架制作→构件吊装至平台/风管预制加工→钢结构拼接→风管支架安装→风管安装→风管保温→本榀钢构完成→钢结构同步滑移→第二榀钢结构滑移准备

4. 精品要点

1) 依托于BIM技术的综合管线排布

(1) 依托BIM模型将风管的水平位置及垂直高度精确定位，解决风管与钢结构腹杆碰撞问题。

(2) BIM小组协同设计制定了马道避让风管，风管避让钢结构杆件的排布方案。

2) 一体化支撑体系的运用

(1) 风管管线底部增加钢结构杆件，作为风管支架受力点，增加管线稳固性。

(2) 由于钢结构桁架不允许焊接，故采用成品抱卡预留件，加强结构强度及美观性。

(3) 为防止滑移过程动荷载影响，采用双底座抗倾覆支架并在相应位置增加防晃支架，以满足钢结构风管整体滑移稳定性。

3) 模块化分组滑移

采用钢结构桁架分榀滑移，根据钢结构滑移施工方案，利用BIM技术，对桁架内每一榀风管进行深化排板，对每榀桁架间的风管进行模块化拆分，拆分模块作为施工过程中预制加工的定制件。

4) 风管分组模块化拼接技术

(1) 通过BIM模型精准定位及方案预演，项目团队对钢桁架以"榀"为单位编排，采用模块化拼接技术进行拼接。

(2) 对各组风管长度进行特异化预制，滑移反方向风管长度长于桁架宽度，预留出下一组风管接口，保证风管连接施工全部在滑移施工平台上完成。

5. 实例或示意图

实例图见图9.5-2。

图9.5-2 施工现场实图

9.5.5 滑移钢结构网架内管线施工技术

1. 适用范围

适用于高空的钢结构网架内机电管线的施工。

2. 质量要求

（1）运用BIM技术对整个系统进行建模，确定管线的水平定位及标高定位，有问题的系统进行局部深化调整，精准定位。

（2）风管下料严格按照施工计划加工，结合现场简易平台搭设，根据现场情况加工风管，保证材料施工前一天抵达现场。

3. 工艺流程

BIM深化排布→测量放样→简易移动平台搭设→支架生根，吊筋敷设→风管制作→风管安装

4. 精品要点

1）BIM技术排布深化，综合排布，准确定位

运用BIM技术对整个系统进行建模，确定双层风管的水平定位及标高定位。对标高冲突、有问题的系统进行局部深化调整，精准定位，保证风管系统的功能性和美观性。

2）测量放样，支架生根，吊筋敷设

图纸设计在钢结构上旋球点生根，在球点焊接支架耗材量大，施工难度大，很难控制支架的美观效果。对风管系统的复杂性进行分析，对固定点进行优化，将风管支架在屋面檩条生根，吊筋穿过金属铝板垂直伸至网架内。根据BIM技术排板图，在屋面面板封闭前，全部支架生根点焊接完成，通丝固定完成。

3）安全平台与简易移动平台搭设

场馆内各专业交叉施工复杂，最终选择在网架内搭设简易型可移动平台进行高空风管系统施工。槽钢支架上方搭设钢跳板，钢跳板接口处与槽钢搭设，保证简易平台牢固、安全。

4）管线安装

（1）风管在网架球点上方，优先施工。材料抵达现场通过卷扬机把风管提升至搭设好的简易平台。只需要站在简易平台上进行风管组对。

（2）风管的固定支架根据风管标高与腹杆的合图，提前确定好固定卡勾的大小，利用固定卡勾，卡在腹杆上固定。

9.5.6 机电管线与屋面钢结构整体提升施工

1. 适用范围

适用于机电管线与屋面钢结构整体提升施工。

2. 质量要求

（1）运用BIM技术将风管的水平位置及垂直高度精确定位，将风管合理地分节编号，根据标高要求对吊装不锈钢钢丝绳精准下料。

（2）材料进场验收要严把质量关，包括板材规格、镀锌层质量、外观都要满足相关规范和标准的要求。

3. 工艺流程

BIM图纸优化、大型风管精确定位→现场测量、复核→钢丝绳下料→管段编号→管线生产→固定安装

4. 精品要点

1）图纸优化、大型风管精确定位

（1）通过图纸会审解决设计问题，运用BIM软件对整个系统进行建模，确定大型风管的水平及垂直定位。

（2）利用BIM技术对整个系统进行建模，确定方案的可行性，对有问题的部位进行合理化调整。通过BIM排板，合理选择钢结构网架球点，在球点上焊接固定钢板。

2）钢丝绳下料

对照BIM图纸对每个点位的钢丝绳长度进行粗略计算，预留调节长度进行下料。

3）风管生产、施工机械准备

对特殊管件进行提前工厂加工，然后运至现场（提前加工已确定管件长度，拆分表制作时予以扣除）。根据风管拆分图，对应拆分表有序将风管运抵安装区域（根据水平运输道路要求，靠运输道路内侧的先行运抵安装），避免后期因运输道路不通返工。

5. 实例或示意图

实例图见图9.5-3。

图9.5-3　风管的水平运输就位图

第10章

体育馆——场馆内建筑电气

10.1 一般规定

（1）场管内电气所选设备、材料，应具有国家级检测中心的检测合格证书（3C认证）；必须满足与产品相关的国家标准。

（2）场馆内桥架、支吊架的设置应符合设计或产品技术文件要求，定位、测量放线和加工制作需指定专人负责，确保吊杆的垂直度，吊耳方向保持一致，水平成线。

（3）电缆敷设需保证排列顺直、整齐、交叉少、固定牢靠，还需保证其最小转弯半径。标识标牌设置规范合理。

（4）配电箱柜、台、箱的金属框架及基础型钢应与保护导体可靠连接；对于装有电器的可开启门、门和金属框架的接地端子间应选用截面积不小于4mm² 的黄绿色绝缘铜芯软导线连接并应有标识；且安装牢固，箱内回路编号应齐全，标识应正确，有设计防火封堵要求的封堵严密。

（5）配电间内箱体排布合理、规范、统一、安装高度符合设计及规范要求。

（6）接地干线施焊符合规范要求，标识清晰。

（7）灯具安装应牢固可靠，绝缘导线采用柔性导管保护，不得裸露，柔性导管与灯具壳体采用专用接头连接；除采用安全电压以外，敞开式灯具的灯头对地面距离大于2.5m；马道场地照明灯具应根据深化设计进行合理布置。

10.2 规范要求

10.2.1 电气施工主要相关规范标准

《建筑电气工程施工质量验收规范》GB 50303—2015

《机械设备安装工程施工及验收通用规范》GB 50231—2009

《电气装置安装工程 电气设备交接试验标准》GB 50150—2016

《电气装置安装工程 电缆线路施工及验收标准》GB 50168—2018

《电气装置安装工程 接地装置施工及验收规范》GB 50169—2016

《建筑工程施工质量验收统一标准》GB 50300—2013

《人民防空工程施工及验收规范》GB 50134—2004

《人民防空地下室设计规范》GB 50038—2005

10.2.2 主要规范强制性条文、规定

《建筑电气工程施工质量验收规范》GB 50303—2015

3.1.7 电气设备的外露可导电部分应单独与保护导体相连接，不得串联连接，连接导体的材质、截面积应符合设计要求。

11.1.1 金属梯架、托盘或槽盒本体之间的连接应牢固可靠，与保护导体的连接应符合下列规定：

1 梯架、托盘和槽盒全长不大于30m时，不应少于2处与保护导体可靠连接；全长大于30m时，每隔20m～30m应增加一个连接点，起始端和终点端均应可靠接地。

2 非镀锌梯架、托盘和槽盒本体之间连接板的两端应跨接保护联结导体，保护联结导体的截面积应符合设计要求。

3 镀锌梯架、托盘和槽盒本体之间不跨接保护联结导体时，连接板每端不应少于2个有防松螺帽或防松垫圈的连接固定螺栓。

检查数量：第1款全数检查，第2款和第3款按每个检验批的梯架或托盘或槽盒的连接点数量各抽查10%，且各不得少于2个点。

检查方法：观察检查并用尺量检查。

13.1.1 金属电缆支架必须与保护导体可靠连接。

检查数量：明敷的全数检查，暗敷的按每个检验批抽查20%，且不得少于2处。

检查方法：观察检查并查阅隐蔽工程检查记录。

14.1.1 同一交流回路的绝缘导线不应敷设于不同的金属槽盒内或穿于不同金属导管内。

检查数量：按每个检验批的配线总回路数抽查20%，且不得少于1个回路。

检查方法：观察检查。

18.1.1 灯具固定应符合下列规定：

1 灯具固定应牢固可靠，在砌体和混凝土结构上严禁使用木楔、尼龙塞或塑料塞固定；

2 质量大于10kg的灯具，固定装置及悬吊装置应按灯具重量的5倍恒定均布载荷做强度试验，且持续时间不得少于15min。

检查数量：第1款按每检验批的灯具数量抽查5%，且不得少于1套；第2款全数检查。

检查方法：施工或强度试验时观察检查，查阅灯具固定装置及悬吊装置的载荷强度试验记录。

18.1.5 普通灯具的Ⅰ类灯具外露可导电部分必须采用铜芯软导线与保护导体可靠连接，连接处应设置接地标识，铜芯软导线的截面积应与进入灯具的电源线截面积相同。

检查数量：按每检验批的灯具数量抽查5%，且不得少于1套。

检查方法：尺量检查、工具拧紧和测量检查。

10.3 管理规定

（1）创建精品工程应以经济、适用、美观、节能环保及绿色施工为原则，做到策划先行，样板引路，过程控制，一次成优。

（2）质量策划、创优策划工作应全面、细致，从工程质量及使用功能等方面综合考虑，明确细部做法，统一质量标准，加强过程质量管控措施，达到一次成优。

（3）采用BIM模型、文字及现场样板交底相结合的方式进行全员交底，明确施工工序、质量要求及标准做法，以确保策划的有效落地。

（4）各专业所采用的材料、设备应有产品合格证书和性能检测报告，其品种、规格、性能等应符合国家现行产品标准和设计要求。

（5）根据总进度计划，编制通风与空调施工进度计划，全面考虑各单位施工内容及相互影响因素，合理安排工序穿插。计划中，标明各材料计划采购时间，专业分包确定材料排产及进场等关键时间节点。

（6）全面考虑各单位施工内容及相互影响因素，合理安排工序穿插。

（7）加强过程质量的监督检查，确保各环节施工质量。同时，做好专业间工作面移交检查验收工作，重点关注隐蔽内容及成品保护措施。

（8）技术复核工作至关重要，是保证每个关键节点符合要求的关键过程。各施工阶段应及时对各工序涉及的重点点位进行复核、实测及纠偏，确保符合图纸及深化要求。

（9）各工种穿插施工时，应有效采取护、包、盖、封等成品保护措施。

10.4 深化设计

场馆内电气安装工程施工前，首先应充分结合项目所在地的电力、消防等政府单位，充分了解以上单位对电气及消防的安装实施的要求（例如场地照明的供电要求，变配电室的柜体布置等），并在取得建设单位签字确认后，着手开始进行管井管道排布深化设计。深化设计图需经总包、监理、业主及设计单位会签后实施。

10.4.1 深化的原则

以设计详图为蓝本，在不更改配电系统路由、载荷、照度要求的基础上，综合考虑桥架路由的综合排布、配电箱柜的合理布置、场地照明的设置要求，结合规定、施工操作空间、检修维护空间等因素，将配电路由及设备按照整齐有序、间距合理、便于施工的原则进行深化。

10.4.2 深化的目的及要求

（1）通过对系统详细计算和校核，根据其他专业招标设备进行功率复核，确定配电设备及线缆是否满足要求。

（2）根据结构尺寸，按照厂家对配电箱柜深化的尺寸，进行配电间合理布置，达到美观合理的效果。

（3）对各专业管线进行综合排布，解决机电综合管线冲突交叉，达到空间布局合理，排布紧凑美观。

（4）在满足规范的前提下，合理、紧凑地布置管线，控制成本，优化系统，为业主提供最大的使用空间，以及足够的维修、检测空间。合理布置各专业管线，减少由于管线冲突造成的二次施工，弥补原设计不足，减少因此造成的各种损失。

（5）综合协调机房及各楼层平面区域或吊顶内各专业的路由，确保在有效的空间内合理布置各专业的管线，以保证吊顶的高度，同时保证机电各专业的有序施工。合理布置各专业机房的设备位置，保证设备的运行维修、安装等工作有足够的平面空间和垂直空间。综合排布机房及各楼层平面区域内机电各专业管线，协调机电与土建、精装修专业的施工冲突。确定管线和预留洞的精确定位，减少对结构施工的影响。

（6）在施工阶段根据现场情况进行平面施工图纸和BIM模型的实时调整，已达到竣工图的及时性和准确性。

10.4.3 深化具体措施

（1）配电箱柜的深化：

配电箱涉及消防电源监控系统、电气火灾监控系统、BA系统、智能照明系统的配合，在复核配电箱负载满足设计及设备招标功率要求下，应提前完成其他辅助系统的招标工作，在箱体排产前将相应系统的元器件提供给配电箱成套厂家，尤其是组装，提高箱体组装的合理性，减少人工成本。若其余系统不在施工范围内，可提前联系成套柜厂家做好相应系统元器件位置的预留。

完成配电箱柜招标后，联系厂家，完成相应柜体的尺寸深化，结合箱柜尺寸完成配电间、室中配电箱柜的排布工作，达到配电间、室柜体排布整齐合理、安装规范的效果。

（2）成品支吊架的深化：

根据桥架及其他综合机电管线综合排布，将不同系统的管线路由设置于不同层次，明确支吊架的设置形式、间距，通过受力计算，明确支吊架型材的选用。

（3）桥架及线缆部分：

① 潮湿环境或气候地区，桥架联系甲方设计尽量选用热镀锌桥架，减少外部环境因素造成的锈蚀。

② 路由部分通过结合BIM排布合理布置支吊架，并统一支吊架布置形式及布置间距。对于不合理路由进行优化，达到降低施工成本、提高合理性及美观度的目的。

③ 针对消防回路原设计电缆采用铜护套柔性矿物绝缘电缆（RTTZ），考虑到施工方便，可深化成铝护套柔性矿物绝缘电缆（BTLY），在满足设计要求的前提下达到材料及人工成本的双优化。

（4）灯具部分的深化：

场地照明灯具的深化应提前由专业厂家进行深化，深化过程中应充分考虑马道形式、桁架结构、风管布置对灯具位置的影响，在满足设计照度及功率密度的前提下，出具深化图纸，提交监理、甲方、设计院审核。

体育馆场所看台灯具一般为低压防水防尘灯具，由于看台结构复杂，管线的预留预埋及灯具的变压器的安装位置成为施工过程中的重点及难点，应提前深化，了解结构及后期装饰完成面的具体做法，进行合理的灯具选型，灯具变压器可根据回路功率在配电箱内配置专用变压器，实现整条回路整体降压的效果，解决灯具变压器安装隐藏及用量过多的问题。

10.5 关键节点工艺

10.5.1 配电箱（柜）安装

1. 适用范围

适用于在配电间、设备机房等用电场所。

2. 质量要求

（1）安装牢固，箱内回路编号应齐全，标识应正确，有设计防火封堵要求的应封堵严密。

（2）柜、台、箱、盘安装垂直度允许偏差不应大于1.5‰，相互间接缝不应大于2mm，成列盘面偏差不应大于5mm。

（3）配电箱（柜）门内应粘贴带塑封的配电系统图（接线图）。

（4）线（缆）绑扎牢固，相序正确，配线整齐，接地可靠，每个端子压线不多于2根。

3. 工艺流程

基础测量定位→基础型钢安装→成套盘柜安装→交接试验调整→送电运行

4. 精品要点

（1）配电箱（柜）安装前，需根据厂家深化的箱体（柜）尺寸结合配电间的建筑布局及设计位置进行综合排布，明确每个箱柜的安装位置。

（2）参照配电箱（柜）的宽厚尺寸，落地箱（柜）需制作10号槽钢基础，根据确定位置安装，在型钢基础的下面四角适当的位置钻孔，在地面相应位置用膨胀螺栓固定基础型钢，调整水平度；挂墙明装配电箱可直接在装饰完成面贴墙明装，高度参照设计要求调整水平度，保证成排箱体之间底边平齐，箱体间距保持一致。

（3）按系统图或接线图要求将电缆、电线采用相应的电器端子连接。

（4）将电源的接地线（PE线）、各回路的接地线、金属导管的接地线接在配电柜的接地端子上。

（5）柜、台、箱的进出口应做防火挡鼠板，并应封堵严密。

（6）柜、台、箱相互之间与基础型钢间应用镀锌螺栓连接，且防松零件应齐全。

10.5.2 成品支吊架的制作安装

1. 适用范围

适用于混凝土结构的各类建筑。

2. 质量要求

(1) 成品支吊架组装，塑翼螺母与螺栓必须紧固牢固，安装完成后，不松动摇晃。

(2) 成品支吊架的组装方式应一致，安装方向一致。

(3) C型钢的选型根据实际情况进行计算确定。

3. 工艺流程

成品支吊架型材的选型及尺寸确定→成品支吊架的组装→放线定位→底座的安装→成品支吊架的安装

4. 精品要点

(1) 根据综合排布的情况确定桥架的数量及尺寸，确定所需C型钢的型号、尺寸及配件种类。

(2) 成品支吊架底座定位安装，底座的开口朝向应保持一致，安装定位保证成行成线。

(3) 成品支吊架的组装配件的安装朝向应保持统一。

(4) 成品支架的安装间距保持一致，间距1.5m≤L≤3m，建议定为2m。

10.5.3　桥架的安装

1. 适用范围

适用于混凝土结构的体育场馆。

2. 质量要求

(1) 电缆梯架、托盘和槽盒转弯、分支处宜采用专用连接配件，其弯曲半径不应小于梯架、托盘和槽盒内电缆最小允许弯曲半径。

(2) 当直线段钢制、梯架、托盘和槽盒长度超过30m时，应设置伸缩节；当梯架、托盘和槽盒跨越建筑物变形缝处时，应设置补偿装置。

(3) 敷设在电气竖井内穿楼板处和穿越不同防火区的梯架、托盘和槽盒，应有防火隔墙措施。

3. 工艺流程

测量定位→支架安装→桥架安装→接地

4. 精品要点

(1) 梯架、托盘和槽盒全长不大于30m时，不应少于2处与保护导体可靠连接；全长大于30m时，每隔20～30m应增加一个连接点，起始端和终点端均应可靠接地；

(2) 非镀锌梯架、托盘和槽盒本体之间连接片的两端应跨接保护联结导体，保护联结导体的截面积应符合设计要求，可用BV4mm^{2}的黄绿导线连接；

(3) 镀锌梯架、托盘和槽盒本体之间不跨接保护联结导体时，连接板每端不应少于2个有防松螺帽或防松垫圈的连接固定螺栓；

(4) 电气竖井内穿楼板处和穿越不同防火区的梯架、托盘和槽盒，有防火隔墙措施(图10.5-1)；

(5) 敷设在电气竖井内的电缆梯架或托盘，每隔3～5层设置承重支架；水平安装的支架间距宜为1.5～3.0m，垂直安装的支架间距不大于2m (图10.5-2)；

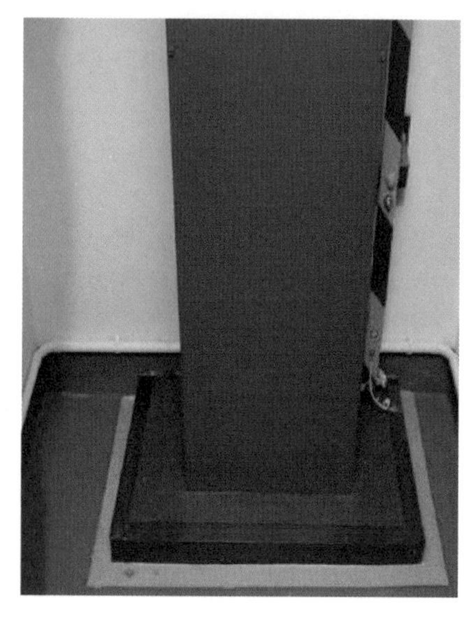

图 10.5-1　电井桥架

图 10.5-2　水平桥架

（6）采用金属吊架固定时，圆钢直径不得小于 8mm，并有防晃支架，在分支处或端部 0.3～0.5m 处有固定支架。

10.5.4　电缆敷设

1. 适用范围

适用于桥架内线缆敷设施工。

2. 质量要求

（1）电缆排列整齐、固定牢固、弯曲半径大于 10d，无交叉，无扭交，无破损，无划伤，标牌齐全。

（2）在电缆沟或电气竖井内垂直敷设或大于 45°倾斜敷设的电缆应在每个支架上固定。

（3）在梯架、托盘或槽盒内大于 45°倾斜敷设的电缆应每隔 2m 固定，水平敷设的电缆，首尾两端、转弯两侧及每隔 5～10m 处应设固定点。

（4）电缆出入电缆沟、电气竖井、建筑物、配电（控制）柜、台、箱处以及管子管口处等部位应采取防火或密封措施。

3. 工艺流程

确定电缆敷设途径及断面位置→清理梯架、托盘、槽盒及电缆沟→电缆敷设→沿途绑扎固定→绑扎电缆标牌

4. 精品要点

（1）电缆沿桥架敷设，必须单层敷设，排列整齐。不得有交叉，拐弯处以最大截面电缆允许弯曲半径为准。

（2）电缆的敷设和排列布置应符合设计要求，矿物绝缘电缆敷设穿越建筑物变形缝时应采取“S”形或“U”形弯。

（3）沿电缆桥架敷设的电缆在其两端、拐弯处、交叉处应挂电缆标识牌，标识牌上应

注明电缆编号、规格、电压等级及起始位置。

（4）敷设于垂直桥架内的电缆，每敷设一根应固定一根，固定点间距不大于如下数值：全塑型电缆和控制电缆固定点间距不大于1m，其他电力电缆不大于1.5m。

（5）电缆总截面积与托盘和梯架横断面面积之比：电力电缆不应大于40％，控制电缆不应大于50％。

10.5.5 接地干线的安装

1. 适用范围

适用于场内低压配电室、配电间等房间。

2. 质量要求

（1）接地线路敷设顺直、走向合理。焊接处，焊缝饱满、平整，无夹渣、咬肉、裂纹、虚焊等缺陷。

（2）外露接地干线色标准确，涂刷均匀，涂刷后不污染设备和建筑物。

3. 工艺流程

测量弹线定位→支架安装→接地干线敷设固定→接地干线连接→防腐处理→标识

4. 精品要点

（1）明敷接地干线距地面高度300mm，与建筑物墙壁间隙10～20mm，扁形接地支持件间距必须均匀，水平直线部分为0.5m，弯曲部分为0.3～0.5m。

（2）扁钢与扁钢搭接部分必须三面施焊，且搭接长度不小于扁钢宽度的2倍。

（3）接地干线跨越门口时，暗敷于地面内，金属门框、门扇、挡鼠板与接地干线可靠连接，接地扁钢转角处选用成品弯头。

（4）接地干线设置不少于2个供临时接地用的接线柱或接地螺栓（蝶形螺栓），配爪型垫片。明敷的接地干线表面应刷45°斜向黄绿相间标识油漆，条纹间距100mm。

10.5.6 场内看台踏步灯及场地照明灯具的安装

1. 适用范围

适用于阶梯式大型体育场馆。

2. 质量要求

（1）接线正确，固定牢固，接地可靠。

（2）灯具布置安装合理，场地照明灯具应采取防坠落措施。

（3）灯具支吊架设置合理，支吊架焊缝饱满，无气泡、无裂痕，做好防腐蚀处理。

（4）看台踏步灯整流变压器应隐蔽隐藏，方便检修，安置于通风干燥处。

3. 工艺流程

深化设计→灯具定位及支吊架设置→灯具安装→接地和接零保护→通电试运行装→卡架固定

4. 精品要点

（1）场地照明灯具深化设计合理规范，满足设计照度要求。

（2）灯具外露可导电部分必须用铜芯软导线与保护导体可靠连接，连接处应设置接地标识，铜芯软导线的截面积应与进入灯具的电源线截面积相同。

（3）场地照明灯的底座及支架应牢固，枢轴应沿需要的光轴方向拧紧固；灯具出光口面与被照物体的最短距离应符合产品技术文件要求。

（4）场地照明灯具之间设置方式需统一，直线段部分安装水平度与垂直度误差不超过1cm。

（5）看台踏步灯水平安装偏差不超过5mm，检修接线口应做防水处理。

第11章

体育馆——智能化

11.1 一般规定

(1) 体育建筑智能化系统应根据建筑的功能分区和服务对象、单项体育比赛和综合运动会的不同特点，结合体育赛事、多功能应用和日常管理的需要，进行合理配置，并应具有可扩展性、开放性和灵活性的特点；

(2) 综合布线系统的各类点位布设应合理、合规，满足体育建筑内信息通信的要求，并应支持语音、数据、图像等多种信息的传输，同时应充分考虑开放性、灵活性、可扩展性、实用性、安全性、可靠性和经济性的要求；

(3) 无线网络应根据不同场馆需求满足对应的覆盖标准，设计、施工时应充分考虑不同品牌、设备的覆盖角度、面积、范围以及最大接入数量等，确保满足实际使用需求；

(4) 视频安防监控系统应具有安全性、可靠性、开放性、可扩充性和使用灵活性，做到技术先进，经济合理，实用可靠，并且符合国家现行有关技术标准、规范的规定，应根据不同省份的地方要求，视情况报相关部门备案、验收；

(5) 场地扩声系统应保证比赛场地和观众区等区域的声压级和语言清晰度，应充分考虑建筑的形状、大小、座位容量和混响时间、使用用途等，直达声应覆盖均匀，并应减轻观众区的声波干涉；

(6) 比赛场馆应设置满足举办体育赛事需要的比赛信息显示及控制系统，并宜根据比赛的级别和项目特点，设置彩色视频显示屏系统，显示屏的种类、规格、位置应充分考虑场馆的用途，满足使用需求，且显示屏的设置应符合国际单项体育组织的有关规定，施工、调试质量应达到相关行业验收标准；

(7) 体育专项系统的各类接口箱的布置应满足场馆使用需求，室外、露天布设时应充分考虑防雨性能。

11.2 规范要求

11.2.1 看台、场地智能化系统主要相关规范标准

本条所列的是与体育场看台、场地相关的主要国家和行业标准，也是各项目施工中经常

查看的规范标准。地方标准由于各地要求不一致，未进行列举，但在各地施工时必须参考。

1.《体育建筑智能化系统工程技术规程》JGJ/T 179—2009
2.《安全防范工程技术标准》GB 50348—2018
3.《厅堂、体育场馆扩声系统验收规范》GB/T 28048—2011
4.《厅堂、体育场馆扩声系统设计规范》GB/T 28049—2011
5.《扩声系统工程施工规范》GB 50949—2013
6.《体育场馆 LED 显示屏使用要求及检验方法》GB/T 29458—2012
7.《声环境质量标准》GB 3096—2008
8.《智能建筑设计标准》GB 50314—2015
9.《体育建筑设计规范》JGJ 31—2003

11.2.2 主要规范强制性条文、规定

1.《体育建筑智能化系统工程技术规程》JGJ/T 179—2009

3.2.1 体育建筑智能化系统应根据体育建筑的等级或规模设定配置要求，并应满足表 3.2.1 的要求。体育建筑的等级和规模划分应符合现行行业标准《体育建筑设计规范》JGJ 31 的规定。

体育建筑智能化系统配置要求 **表 3.2.1**

智能化系统配置		体育建筑等级(规模)			
		特级(特大型)	甲级(大型)	乙级(中型)	丙级(小型)
设备管理系统	建筑设备监控系统	√	√	○	○
	火灾自动报警系统	√	√	√	√
	安全技术防范系统	√	√	√	○
	建筑设备集成管理系统	√	√	○	×
信息设施系统	综合布线系统	√	√	√	○
	语音通信系统	√	√	○	○
	信息网络系统	√	√	○	○
	有线电视系统	√	√	√	○
	公共广播系统	√	√	√	√
	电子会议系统	√	√	○	×
专用设施系统	信息显示及控制系统	√	√	○	×
	场地扩声系统	√	√	√	○
	场地照明及控制系统	√	√	○	×
	计时记分及现场成绩处理系统	√	√	○	×
	竞赛技术统计系统	√	○	○	×
	现场影像采集及回放系统	√	○	○	×
	售检票系统	√	√	○	×
	电视转播和现场评论系统	√	○	×	×

续表

智能化系统配置		体育建筑等级(规模)			
		特级(特大型)	甲级(大型)	乙级(中型)	丙级(小型)
专用设施系统	标准时钟系统	√	√	○	×
	升旗控制系统	√	√	○	×
	比赛设备集成管理系统	√	√	○	×
信息应用系统	信息查询和发布系统	√	√	○	×
	赛事综合管理系统	○	○	×	×
	大型活动公共安全信息系统	○	○	×	×
	场馆运营服务管理系统	√	√	○	×

注：√表示应采用；○表示宜采用；×表示可不采用。

6.2.2 比赛场馆应设置满足举办体育赛事需要的比赛信息显示及控制系统，并宜根据比赛的级别和项目特点，设置彩色视频显示屏系统，且显示屏的设置应符合国际单项体育组织的有关规定。

6.2.8 信息显示及控制系统显示的文字最小高度和最大观看距离的关系、比赛信息显示屏显示的字符行数和列数的最低要求、LED全彩显示屏视频画面的最小解析度要求等可按照现行行业标准《体育场馆设备使用要求及检验方法 第1部分：LED显示屏》TY/T 1001.1* 的规定进行确定。

6.2.10 信息显示及控制系统在观众区应符合下列要求：

1 应根据需要设置一块或多块用于显示比赛信息或视频图像的显示屏，显示屏的安装位置应满足场馆内95%以上的固定坐席观众的最大视距要求。

2 观众服务区应设置显示屏。

6.3.5 场地扩声系统应保证比赛场地和观众区等区域的声压级和语言清晰度。

6.3.6 竞赛区和观众区的扩声系统应采用固定扩声系统，运动员区和竞赛管理区的竞赛信息广播系统以及场馆外广场扩声系统宜与公共广播系统合用，其他扩声系统宜采用移动扩声系统。

6.7.6 根据不同比赛项目的需要，应在比赛场地、场地周边等处设置现场影像摄像机位或预留摄像机编解码器接口。

6.7.7 根据不同比赛项目的需要，应在观众看台区设置现场影像摄像机位或预留摄像机编解码器接口。

2.《厅堂、体育场馆扩声系统设计规范》GB/T 28049—2011

6.3 体育场扩声系统设计要求

6.3.1 观众区扩声系统设计要求

6.3.1.2 扬声器系统设计要求

a) 观众区扩声系统的扬声器系统的布置有集中式、分散式和集中分散式相结合三

*：本标准已于2017年作废。

种方式；在大多数场所中，扬声器系统宜采用分散式安装；

b）主扬声器系统的特性及配置应满足 7.2.3 要求；

c）扬声器系统的选型（指向性）和布置，应充分考虑有利于提高扩声系统语言传输指数指标；

d）扬声器系统宜体积小、重量轻；

e）扬声器系统根据现场条件一般安装在挑棚处，无挑棚的场地可安装在场地周围的立杆上；

f）扬声器系统宜满足全天候（“防水、防风、防热”等）要求；

g）扬声器系统的安装应稳固、安全，且不产生机械噪声。

6.3.2 比赛场地扩声系统设计要求

a）赛场地扩声系统应满足比赛场地运动员、裁判员等的听音要求；

b）扬声器系统安装宜采用分散式，根据现场条件安装在挑棚前沿处或场地周围的立杆上；

c）对于比赛场地用扬声器的选型、安装质量等方面的要求，按 6.3.1.2 d）项、6.3.1.2 f）项、6.3.1.2 g）项规定。

7.2.2 体育馆扩声系统声学特性指标

7.2.2.1 体育馆观众区扩声系统的声学特性指标应符合表 4 中的规定。

7.2.2.2 表 4 中最大声压级的额定通带的规定同 7.2.1.2 规定。

7.2.2.3 表 4 中最大声压级是指峰值声压级。

7.2.2.4 表 4 中传输频率特性指标的图示见图 5、图 6 和图 7。

7.2.2.5 游泳馆的语言传输指数（STI-PA）指标可以降一级。但不能低于三级指标。

体育馆扩声系统声学特性指标 **表 4**

等级	最大声压级（峰值）	传输频率特性	传声增益	稳态声场不均匀度	语言传输指数（STIPA）	系统总噪声级	总噪声级
一级	额定通带内：大于或等于 105dB	以 125Hz～4000Hz 的平均声压级为 0dB，在此频带内允许范围：－4dB～＋4dB；63Hz～125Hz 和 4000Hz～8000Hz 的允许范围见图 5 中斜线部分	125Hz～4000Hz 的平均值大于或等于－10dB	1000Hz、4000Hz 大部分区域小于或等于 8dB	＞0.5	NR-25	NR-30
二级	额定通带内：大于或等于 100dB	以 125Hz～4000Hz 的平均声压级为 0dB，在此频带内允许范围：－6dB～＋4dB；100Hz～125Hz 和 4000Hz～8000Hz 的允许范围见图 6 中斜线部分	125Hz～4000Hz 的平均值大于或等于－12dB	1000Hz、4000Hz 大部分区域小于或等于 10dB	≥0.5	NR-25	NR-35
三级	额定通带内：大于或等于 95dB	以 250Hz～4000Hz 的平均声压级为 0dB，在此频带内允许范围：－10dB～＋4dB；125Hz～250Hz 和 4000Hz～8000Hz 的允许范围见图 7 中斜线部分	250Hz～4000Hz 的平均值大于或等于－12dB	1000Hz、4000Hz 大部分区域小于或等于 10dB	≥0.45	NR-30	NR-35

7.2.3 体育场扩声系统声学特性指标

7.2.3.1 体育场观众区扩声系统的声学特性指标应符合表5中的规定。

7.2.3.2 表5中最大声压级的额定通带的规定同7.2.1.2。

7.2.3.3 表5中传输频率特性指标的图示见图8、图9和图10。

体育场扩声系统声学特性指标 表5

等级	最大声压级（峰值）	传输频率特性	传声增益	稳态声场不均匀度	语言传输指数STIPA	系统总噪声级	总噪声级
一级	额定通带内：大于或等于105dB	以125Hz～4000Hz的平均声压级为0dB，在此频带内允许范围：－4dB～＋4dB；63Hz～125Hz和4000Hz～8000Hz的允许范围见图8斜线部分	125Hz～4000Hz的平均值大于或等于－10dB	1000Hz、4000Hz大部分区域小于或等于8dB	＞0.5	NR-25	NR-35
二级	额定通带内：大于或等于100dB	以125Hz～4000Hz的平均声压级为0dB，在此频带内允许范围：－6dB～＋4dB；63Hz～125Hz和4000Hz～8000Hz的允许范围见图9斜线部分	125Hz～4000Hz的平均值大于或等于－12dB	1000Hz、4000Hz大部分区域小于或等于10dB	≥0.5	NR-25	NR-35
三级	额定通带内：大于或等于95dB	以250Hz～4000Hz的平均声压级为0dB，在此频带内允许范围：－6dB～＋4dB；125Hz～250Hz和4000Hz～8000Hz的允许范围见图10斜线部分	250Hz～4000Hz的平均值大于或等于－12dB	1000Hz、4000Hz时，大部分区域不均匀度小于或等于14dB	≥0.45	NR-30	NR-40

3.《扩声系统工程施工规范》GB 50949—2013

3.6.3 当涉及承重结构改动或增加荷载时，必须核查有关原始资料，对既有建筑结构的安全性和荷载进行核验。

3.6.5 扬声器系统安装时，必须对安装装置和安装装置的固定点进行核查。对于主扬声器系统，必须附加独立的柔性防坠落安全保障措施，其承重能力不得低于主扬声器系统自身重量的2倍。

5.1.4 音质主观评价应符合现行国家标准《厅堂、体育场馆扩声系统听音评价方法》GB/T 28047的有关规定。

4.《体育场馆LED显示屏使用要求及检验方法》GB/T 29458—2012

5.1 安装位置

5.1.1 体育场中显示屏应安装在场地长轴的两端。当仅安装一块屏时，则应安装在体育场的南侧。

5.1.2 游泳跳水馆中显示屏应安装在比赛终点池边对面的一侧，独立跳水馆中显示屏应安装在跳台对面的一侧。

5.1.3 综合体育馆中显示屏应安装在场地长轴的两端，如采用斗型结构，应安装在场地中心上空。

5.1.4 宜使场馆内固定坐席95%以上的观众能清晰看到屏幕显示的内容。

5.1.5 宜使比赛现场的运动员、教练员和裁判员都能够方便、清晰地看见屏幕显示的内容（比赛运动项目有特殊要求时除外）。

11.3 管理规定

（1）创建精品工程应以结构安全可靠、经济、适用、美观、节能环保及绿色施工为原则，遵循PDCA的科学管理方法，应进行工程创优总体策划，做到策划先行，样板引路，过程控制，持续改进。

（2）智能化系统的配置应充分考虑实用性、可靠性，同时要兼顾先进可扩展性，在满足当下需求的前提下，要做好充分地前瞻，确保建筑在未来数年内从发展角度上不落后于人。

（3）施工前应编制工程质量计划、施工组织设计、施工方案、技术交底及作业指导书，经审批通过后，方可实施。作业前，对参与施工的有关管理人员、技术人员和工人进行一次技术性的交代与说明。包括设计交底、设计变更及工程洽商交底。

（4）场地扩声音箱、LED屏等自重较大或需单独制作结构框架的设备，设计、施工前应提前与结构专业、设计充分沟通，复核荷载、确定安装固定方式，涉及危险性较大分部分项工程施工时，必须提前编制专项施工方案并审批交底。

（5）涉及与其他电气、暖通、结构、装饰灯专业配合的系统，应提前做好专业间的界面划分，避免实施过程中出现重复、遗漏。

（6）材料、设备应有产品合格证书和性能检测报告，其品种、规格、性能等应符合国家现行产品标准和设计要求，需要进场复试的材料需复试合格，材料、设备进场时应组织专门的验收人员进行质量、规格查验，合格后投入使用。

（7）应针对不同系统设备提前编制成品保护方案，安装完成后严格按照成品保护方案执行，并定期巡查，确保竣工移交前设备正常无损坏。

（8）各系统调试工作完成后，均应进行为期不少于30d的试运行，并据实留存试运行记录。

11.4 深化设计

11.4.1 无线网络覆盖深化设计

（1）无线网络覆盖需根据不同的常规需求进行配置，首先要确定覆盖人群，是否面向所有观众，或者仅对管理人员、工作人员开放。

（2）当无线网络覆盖仅需要针对管理人员时，无线AP的排布应主要集中在管理区域，且由于管理人员相对不会太多，接入需求相对较低，无线AP规格及配套线路的选择上可以较为宽松，目前较为普遍的 Wi-Fi5 标准与六类网线的组合可以满足要求。

（3）当无线网络覆盖需面向所有观众时，深化设计中需要充分考虑无线 AP 的覆盖范围、传输速率以及接入能力：

① 首先通过场馆接纳人数估算无线网络最大接入量；

② 通过最大接入量与无线 AP 的接入能力计算出无线 AP 最少配置数量；

③ 根据无线 AP 覆盖范围，结合看台、场地的结构、装饰图纸，初步规划无线 AP 的安装位置，实现需求范围内无线网络全覆盖，确定无线 AP 配置的最终数量；

④ 根据无线 AP 配置的位置，以及传输要求，规划水平、垂直、设备间、管理等综合布线子系统的线路规格以及对应的计算机网络系统，以确保传输能力满足实际需求；

⑤ 接入量、传输速率要求较高的情况，建议选择 Wi-Fi6 标准搭配超六类网线的较高规格组合。

（4）无线 AP 的安装需考虑设备覆盖角度，目前场馆内常用的安装位置包括墙面、顶棚、马道、座椅下等，根据不同的安装位置，需提前确定安装细节，如是否预埋管路、设备如何固定、是否精装区域以及强电、弱电、水暖、通风等各专业的综合排布等。

11.4.2 安防系统深化设计

特级（特大型）和甲级（大型）体育建筑应采用集成式系统，乙级（中型）体育建筑宜采用组合型系统。安全技术防范系统应保证举办体育赛事的安全，并应适应场馆多功能应用和日常管理需要。

看台区应设视频监视摄像机，并覆盖整个区域。

特级（特大型）和甲级（大型）体育建筑应根据需求配置制高点摄像机，以实现对体育场、馆的全方位监控。

安防系统应具有灵活的扩展能力，保证举办体育赛事或大型活动时扩展安全防范范围。

安全技术防范系统的设置应符合现行国家标准《智能建筑设计标准》GB 50314 和《安全防范工程技术标准》GB 50348 的规定，当地方有特殊规定（如广东省）时，安全防范系统的深化设计方案需符合地方规定，并按照要求报相关部门审核验收。

11.4.3 场地扩声系统深化设计

场地扩声系统是体育建筑中最重要的专项系统之一，场地扩声呈现的效果直接关系到体育建筑的使用效果，场地扩声系统的深化设计工作有以下重点内容：

（1）根据建筑等级确定需满足的声学特性指标，具体指标见《厅堂、体育场馆扩声系统设计规范》GB/T 28049—2011 第 7.2 条。

（2）深化设计前应根据场馆结构、装饰、材料等各方面相关资料，进行声场建模工作，根据声场模型配置观众席、场地的扬声器位置、参数、规格，确保满足对应的声学特性指标。

（3）扬声器的选择：

① 观众区扩声系统的主扬声器系统的布置方式选用集中式、分散式或集中分散式相结合的扬声器系统中较优方案。

② 观众区扩声系统的主扬声器系统与可能设置传声器处之间的距离宜大于扬声器系统的临界距离。

③ 扬声器的布置宜有利于减轻观众区的声波干涉。

④ 主扬声器系统宜明装。当暗装时，应保证扬声器系统的声辐射不受阻挡。安装应有可靠的安全保障措施，且不能产生任何的机械噪声。

⑤ 比赛场地的扩声系统应采用独立的扬声器系统。

⑥ 扬声器系统的选型（指向性）和布置，应充分考虑有利于提高扩声系统语言传输指数指标。

⑦ 扬声器系统根据现场条件一般安装在挑棚处，无挑棚的场地可安装在场地周围的立杆上。

⑧ 露天设置的扬声器系统宜满足全天候（“防水、防风、防热”等）要求。

（4）中型以上场馆场地扩声多会用到线阵组合扬声器，以满足声辐射需求，组合扬声器自重较大，深化设计时需向结构等相关专业提供荷载需求，需单独制作支架时，深化设计中需补充设备固定详细节点图以及对应的荷载计算，经结构等相关专业设计审核后方能采用。

（5）功率放大器的输出功率需满足场馆语言广播和音乐播放时对音量的要求，音量的大小需符合人们听觉在特定范围内的适应能力。同时场地扩声系统的音量要高于干扰声源的音量，并应具备应付最大干扰声源的措施。体育场举办体育比赛时，场内干扰声源的音量参考值范围见表 11.4-1。

体育场场内干扰声源的音量参考值范围　　表 11.4-1

序号	干扰声源	音量(dB)
1	观众安静观看比赛时	60～70
2	观众观看比赛时的议论声	60～80
3	欢呼声或鼓掌声	80～100
4	骚动或恐慌	105 以上

（6）满足声学特性指标的同时，场地扩声系统的声音对周围环境和居民的影响不得高于现行国家标准《声环境质量标准》GB 3096 的规定。

11.4.4　信息显示及控制系统深化设计

比赛场馆应设置满足举办体育赛事需要的比赛信息显示及控制系统，并宜根据比赛的级别和项目特点，设置彩色视频显示屏系统，且显示屏的设置应符合国际单项体育组织的有关规定。

信息显示及控制系统的深化设计需满足《体育建筑智能化系统工程技术规程》JGJ/T 179—2009 第 6.2 条的相关要求。

当选用 LED 屏作为显示单元的时候，LED 屏的深化设计方案应满足以下要求：

（1）位置选择：

① 体育场中显示屏应安装在场地长轴的两端。当仅安装一块屏时，则应安装在体育

场的南侧。

② 游泳跳水馆中显示屏应安装在比赛终点池边对面的一侧，独立跳水馆中显示屏应安装在跳台对面的一侧。

③ 宜使场馆内固定坐席95%以上的观众能清晰看到屏幕显示的内容。

④ 宜使比赛现场的运动员、教练员和裁判员都能够方便、清晰地看见屏幕显示的内容（比赛运动项目有特殊要求时除外）。

（2）显示控制应实现以下功能：

① 显示比赛时间和标准时钟；

② 实时显示比赛的滚动计时；

③ 滚动显示比赛成绩；

④ 翻页显示比赛成绩；

⑤ 显示的文字内容可以自动、手动切换；

⑥ 视频显示屏，其文字、图片、动画和现场直播图像之间应能进行自动、手动切换；

⑦ 每个字符均应具有闪烁功能；

⑧ 显示控制系统应配备网络接口、数据接口和视频接口。

（3）显示字符数量、字符高度、最大视距、光学性能、电学性能等均应满足《体育场馆LED显示屏使用要求及检验方法》GB/T 29458—2012中的相关要求。

（4）LED显示屏自重较大，且需要单独的结构支撑，因此LED的结构固定方式需提前深化，场馆结构专业应充分考虑LED屏的荷载。深化设计过程中相关荷载计算、结构图纸应及时报送结构等相关专业设计审核确认，通过后方能实施。

（5）LED显示屏的用电要求较高，电源需求应及时报送电气专业，预留电源。

（6）充分考虑LED显示屏的热负荷，深化设计时及时与暖通专业沟通对接散热问题，如需在箱体内设置空调，应提前对接冷凝水排放位置。

（7）深化设计过程中应充分考虑预留需对接的系统接口，避免遗漏。

11.5 关键节点工艺

11.5.1 LED大屏

1. 适用范围

适用于体育场馆大屏制作安装。

2. 质量要求

（1）屏体及钢结构应进行支撑载荷计算。

（2）平整度不大于1mm，弧面安装时，弧度应一致。

（3）箱体线缆插接规整简洁。

3. 工艺流程

图纸深化→装饰配合→预埋件安装→管线敷设→钢结构框体安装→显示模组箱体安装→显示控制设备安装

4. 精品要点

（1）显示屏安装前应根据厂家技术参数进行深化设计，屏体支撑结构应得到原设计单位的书面同意；屏体及钢结构应进行支撑载荷计算，屏体钢结构焊接安装完成后应找第三方检测机构做拉拔荷载试验并出具试验报告。

（2）全部安装完成后，满足显示屏整体横平竖直，要求平整度不大于1mm；弧面安装时，弧度应一致。

（3）拆开显示模组箱体包装，利用吊装设施或升降车将箱体提升至钢架，按照箱体编号逐行就位，就位后的箱体立即进行预紧固，确保箱体稳定。经过调整后完成紧固，再进行上一行箱体就位。

（4）调整箱体发光面不平整度≤1mm，矫正箱体顶部水平面，侧面垂直面，调整箱体模组之间缝隙≤1mm。每行箱体调整前，须拉好水平线，按照水平线对箱体进行调整，调整后完成紧固。

（5）箱体线缆插接需规整简洁，不得影响通行及安装维修作业，插接紧固可靠，标识清晰完整，与箱体理线支架进行绑扎。

（6）斗屏钢结构焊接前需跟设备厂家进行复尺，确认显示模组安装位置及孔径无误；焊接钢材表面应均匀，无毛刺、过烧、挂灰、伤痕等缺陷，焊缝表面均匀，无漏焊、裂纹、夹渣、烧穿、弧坑等缺陷；焊接过程中进行不少于3次测量复核；焊接完成后刷黑色亚光防锈漆。

（7）斗屏焊接作业场地为场芯中央，施工前需对地面进行保护措施，防止单点受力压迫，防止焊接烧伤地面。

（8）斗屏LED箱体安装参考普通LED箱体安装过程，专用线缆跳接需美观规整并进行可靠绑扎，不得影响设备维护检修通过。箱体与斗屏钢结构上要有可靠的防坠落措施。

5. 实例或示意图

实例或示意图见图11.5-1～图11.5-5。

图11.5-1　LED大屏正面效果图

图11.5-2　LED大屏正面效果图

11.5.2　场馆扩声系统设备安装

1. 适用范围

适用于体育场馆扩声音箱及机柜设备安装。

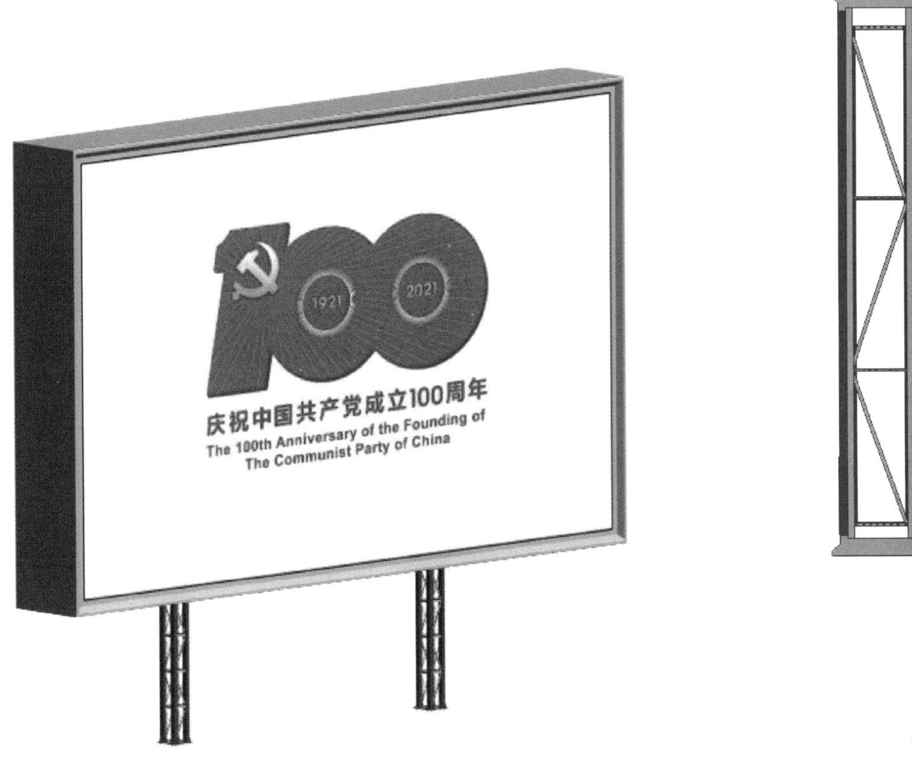

图 11.5-3 LED 大屏三维视图　　图 11.5-4 LED 大屏侧视图

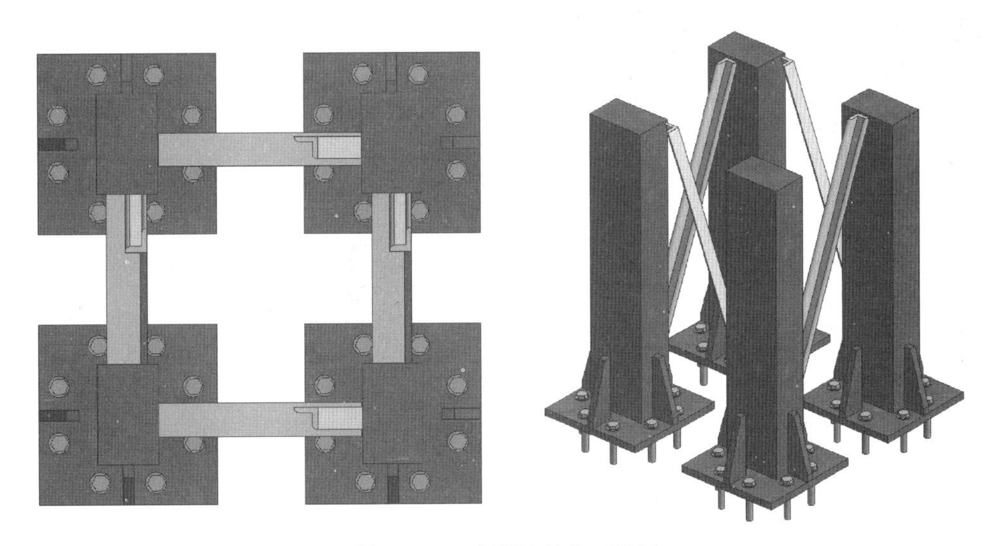

图 11.5-5 方形法兰盘三维图

2. 质量要求

(1) 在音箱安装前应通过 EASE 软件对场地声场进行模拟，提前确定音箱的悬挂位置、高度、角度、数量等信息。

(2) 吊装音箱位置必须在主体钢结构上，安装前需要与钢结构单位对荷载进行复核。

（3）线陈列音箱必须安装在专用音箱吊架上，除要求平整外，应注意音箱的角度与安装文档一致。

（4）缆两端的接插件应筛选合格产品，并应采用专用工具制作，不得虚焊或假焊。

3. 工艺流程

图纸深化→EASE 软件声场模拟→管路敷设→线缆敷设→线阵列音箱吊装→控制、音频设备安装→线缆端接

4. 精品要点

（1）音箱的垂直运输采用电动卷扬机，根据音箱的自重和现场实际情况选择相匹配的卷扬机。

（2）吊装前应检验外观是否损坏，螺钉是否松动。音箱上必须有可靠的防坠落系统。

（3）机柜安装顺序应上轻下重，无线传声器接收机等设备应安装于机柜上部；功率放大器等较重设备应安装于机柜下部，并应由导轨支撑。

（4）调音台宜安装于调音人员操作调节的操作台上，节目源等需经常操作的设备应安装于易操作位置。

（5）接插件需要压接的部位，应保证压接质量，不得松动脱落；制作完成后应进行严格检测，合格后方可使用；平衡接线方式不应受外界电磁场干扰，音质好。

（6）电缆两端的接插件附近应有标明端别和用途的标识，不得错接和漏接。

（7）时序电源应按照开机顺序依次连接，安装位置应兼顾所有设备电源线的长度。

5. 实例或示意图

示意图见图 11.5-6、图 11.5-7。

图 11.5-6　线阵音箱吊挂示意图

图 11.5-7　机柜设备排布示意图

11.5.3　标准时钟安装

1. 适用范围

适用于体育场馆时钟设备安装。

2. 质量要求

(1) 时钟系统的时间信息设备、母钟、子钟时间控制必须准确、同步。

(2) 设备、线缆标识应清晰、明确。

(3) 信号线和电源应分别引入。

(4) 各设备、器件、盒、箱、线缆等的安装应符合设计要求，并应做到布局合理、排列整齐、牢固可靠、线缆连接正确、压接牢固。

3. 工艺流程

钢管、桥架敷设→线缆敷设→子钟安装→管理主机及软件安装

4. 精品要点

(1) 子钟安装应牢固。

(2) 壁挂式子钟的安装高度宜为2.3～2.7m。

(3) 吊挂式子钟的安装高度宜为2.1～2.7m。

(4) 按设计及设备安装图，应将分路接口与子钟等设备连接。

(5) 中心母钟机柜安装位置与GPS天线距离不宜大于300m。

(6) 系统具有监控系统、子钟、时间服务器、授时等的运行状况的监测功能。

(7) 系统具有与时标信号接收器同步、对子钟进行同步校时的控制功能。

(8) 系统断电后应具有自动恢复功能。

(9) 系统具有对其他智能化系统主机校时和授时功能。

11.5.4 升降旗系统安装

1. 适用范围

适用于体育场馆升旗系统设备安装。

2. 质量要求

(1) 放线必须在钢结构马道施工前与钢结构单位进行图纸会审交底，确定升降电机及滑轮组、绕线筒的安装位置，在钢结构马道安装完毕后安排放线定位，确保设备支架底座位置正确，且不与其他系统设备发生干涉。

(2) 焊接钢材表面应均匀，无毛刺、过烧、挂灰、伤痕等缺陷，焊缝表面均匀，无漏焊、裂纹、夹渣、烧穿、弧坑等缺陷。不允许焊接部位可采用金属夹片螺母或抱箍安装。

(3) 升降电机及滑轮组按预埋件位置安装，固定牢靠稳固。

3. 工艺流程

放线定位→管线敷设→焊接支架→升降机及旗杆安装→控制系统安装

4. 精品要点

(1) 升降电机及滑轮组按预埋件位置安装，固定牢靠稳固。确保钢丝能够不与滑轮边缘产生摩擦，平稳运行，不产生噪声异响。确保旗杆拉挂可靠不会坠落，升降过程中不出现摇摆。安装完毕后检查旗杆降底和升顶是否水平。升降机构及配套管线桥架、配电箱可靠接地。

(2) 进行升旗奏乐时，升旗应能与奏乐同步以及降旗时能顺利降旗。

(3) 旗杆能在规定位置停止和开始升降。

(4) 脱离自动控制情况下，马道上人工介入切换手动机构运行情况。

11.5.5 水下救生系统安装

1. 适用范围

适用于游泳馆水下救生系统设备安装。

2. 质量要求

（1）预埋件应与泳池水泥浇筑工程同时进行，必须一次浇固于池壁内。

（2）预埋件焊接到结构层的钢筋上，必须焊接牢固，防止在浇筑混凝土过程中，移位、变形、损坏。

（3）预埋件管体轴心要保持与泳池壁立面垂直，以保证预埋件最外侧的套管同池壁垂直、齐平。

（4）前盖板上左右螺钉、保护罩上的法兰盘左右螺钉、保护罩摄像孔，三者之间必须吻合，同时同地面保持水平。

3. 工艺流程

预埋件焊接→预埋件安装→线缆敷设→线路连接→专用设备安装

4. 精品要点

（1）保证预埋件在游泳池中的高度、长度位置正确。

（2）摄像机、支架环翼、前端 PG 接头孔，同侧安装，一一对应，不能交叉。

（3）摄像机镜头，必须在最后安装。在最后放水前，要用专用酒精和布反复擦拭镜头，以避免污渍、灰尘、手印等污染摄像机镜头，从而影响图像质量。

（4）使用单位在使用期间，需要清理游泳池卫生时，不得磕碰、移动、触摸、损坏摄像机和镜头，但可以使用专用的柔软的布擦拭。

11.5.6 电视转播系统安装

1. 适用范围

适用于体育场馆内电视转播系统的安装。

2. 质量要求

（1）线缆的布放应自然平直，不得缠绕、交叉。

（2）线缆在布放前两端应贴有标签。

（3）电视转播箱箱体安装应与墙体其他箱体面板保持高度统一。

3. 工艺流程

管路敷设→线缆敷设→设备安装→线缆端接→链路测试

4. 精品要点

（1）线缆不应受到外力的挤压，且与线缆接触的表面应平整、光滑，以免造成线缆的变形与损伤。

（2）线缆在布放前两端应贴有标签，以表明起始和终端位置，标签书写应清晰。

（3）对绞电缆、光缆及其他智能化系统的线缆应分隔布放，且无接头。

（4）线缆与插接件连接应认准线号、线位色标，不得颠倒和错接。